高等职业教育系列教材

机床电气控制线路装调与检修

主　编　李　静

副主编　何金凤　王亚敏　王　鹤

参　编　解红霞　成咏华

主　审　王凤华　戴　琨

机械工业出版社

本书以电气类相关职业活动的工作项目为主线，以能力训练为主要目的，采取"教、学、做一体化"的训练模式，用项目的达成度来考核相应知识和技能的掌握程度。本书的知识点涵盖了常见低压电器的认识、安装与检测，车床、磨床、钻床、铣床、镗床和桥式起重机电路的装调与故障检修，另外还有关于 PLC 对机床改造的拓展项目，展现了电气控制电路的装调与检修等技术综合化和开放性的发展趋势，具有一定的应用价值。

本书内容丰富、全面系统、思路清晰、涉及范围广，具有较强的实用性和先进性。本书既可以作为高等职业院校电气自动化技术、机电一体化技术等专业相关课程的教材或参考书，同时也对电气控制电路方面的实践性课程的开设具有应用指导意义，还可供从事电气控制工程工作的技术人员学习参考。

本书配有授课电子课件、动画、视频、试卷及答案等资源，需要的教师可登录机械工业出版社教育服务网 www.cmpedu.com 免费注册后下载，或联系编辑索取（QQ：1239258369，电话：010-88379739）。

图书在版编目（CIP）数据

机床电气控制线路装调与检修/李静主编 . —北京:机械工业出版社,2018.11
(2025.1 重印)
高等职业教育系列教材
ISBN 978-7-111-61484-5

Ⅰ. ①机… Ⅱ. ①李… Ⅲ. ①机床-电气控制系统-安装-高等职业教育-教材 ②机床-电气控制系统-维修-高等职业教育-教材
Ⅳ. ①TG502. 35

中国版本图书馆 CIP 数据核字（2018）第 267540 号

机械工业出版社（北京市百万庄大街 22 号 邮政编码 100037）
策划编辑：曹帅鹏 责任编辑：曹帅鹏
责任校对：张艳霞 责任印制：郜 敏

北京富资园科技发展有限公司印刷

2025 年 1 月第 1 版·第 10 次印刷
184mm×260mm · 13. 75 印张·334 千字
标准书号：ISBN 978-7-111-61484-5
定价：43. 00 元

电话服务　　　　　　　　　　网络服务
客服电话：010-88361066　　机　工　官　网：www.cmpbook.com
　　　　　010-88379833　　机　工　官　博：weibo. com/cmp1952
　　　　　010-68326294　　金　书　网：www.golden-book.com
封底无防伪标均为盗版　机工教育服务网：www.cmpedu.com

前　言

本书根据培养高素质技能人才的目标要求，本着"项目引领"的工学结合人才培养模式，在国家三年创新行动计划发展和教学改革的基础上编写而成。本书以常见机床控制线路装调为主线，采用项目驱动的方式组织内容，在内容选取方面以"必需、够用、实用、拓展"为度，针对性强，重视职业素质提升与技能培养，理论与实践相结合，通过不同的项目引出各个工作项目，巧妙地将知识点和技能训练融入各个项目之中，各个项目按照由简单到复杂循序渐进安排，符合学生认知规律，体现了高素质劳动者技能人才培养的特色。

本书在编写过程中注重学生基础理论知识的学习以及实践能力的培养，是编者们在充分研究了国内现行众多教材的基础上，结合自己多年的教学经验完成的。全书分7个项目，项目1为常见低压电器的认识、安装与检测，项目2为车床电路的装调与故障检修，项目3为磨床电路的装调与故障检修，项目4为钻床电路的装调与故障检修，项目5为铣床电路的装调与故障检修，项目6为镗床电路的装调与故障检修，项目7为桥式起重机电路的装调与故障检修，最后一个为拓展项目。其中每个项目中又分成几个子项目，比如项目2包括CA6140型车床控制电路的安装与调试、CA6140型车床控制电路的故障分析及检修两个子项目。每个工作项目都以接受项目，明确要求→小组讨论，自主获取信息→小组制订计划→教师点睛，引导解惑→项目实施→成果展示并汇报→项目评价7个环节，便于过程性考核。

本书主编为李静，副主编为何金凤、王亚敏、王鹤。其中项目1、项目7和子项目3.1由何金凤编写，项目2、项目4、项目5、项目6由李静编写，子项目3.2由王鹤和成咏华编写，项目拓展由解红霞和王亚敏编写。全书由李静负责统稿，整个编写团队均来自唐山工业职业技术学院自动化工程系。在本书编写过程中，编者查阅和参考了相关教材和厂家的文献资料，得到很多教益和启发，在此向参考文献的作者致以诚挚的谢意。

限于编者水平，书中难免存在的不妥之处，恳请读者提出宝贵意见，以便修改。

编　者

目　　录

前言

项目1　常见低压电器的认识、安装与检测 ⋯⋯⋯⋯⋯⋯⋯⋯⋯⋯⋯⋯⋯⋯⋯⋯⋯⋯ *1*

　子项目1.1　低压配电电器的认识、安装与检测 ⋯⋯⋯⋯⋯⋯⋯⋯⋯⋯⋯⋯⋯⋯⋯ *1*

　　学习活动一　接受项目，明确要求 ⋯⋯⋯⋯⋯⋯⋯⋯⋯⋯⋯⋯⋯⋯⋯⋯⋯⋯⋯⋯ *1*

　　学习活动二　小组讨论，自主获取信息 ⋯⋯⋯⋯⋯⋯⋯⋯⋯⋯⋯⋯⋯⋯⋯⋯⋯⋯ *1*

　　　【信息1】低压开关的认识 ⋯⋯⋯⋯⋯⋯⋯⋯⋯⋯⋯⋯⋯⋯⋯⋯⋯⋯⋯⋯⋯⋯⋯ *1*

　　　【信息2】低压熔断器的认识 ⋯⋯⋯⋯⋯⋯⋯⋯⋯⋯⋯⋯⋯⋯⋯⋯⋯⋯⋯⋯⋯⋯ *4*

　　　【信息3】主令电器的认识 ⋯⋯⋯⋯⋯⋯⋯⋯⋯⋯⋯⋯⋯⋯⋯⋯⋯⋯⋯⋯⋯⋯⋯ *7*

　　　【信息4】数字万用表的使用 ⋯⋯⋯⋯⋯⋯⋯⋯⋯⋯⋯⋯⋯⋯⋯⋯⋯⋯⋯⋯⋯ *10*

　　学习活动三　小组制订计划 ⋯⋯⋯⋯⋯⋯⋯⋯⋯⋯⋯⋯⋯⋯⋯⋯⋯⋯⋯⋯⋯⋯⋯ *12*

　　学习活动四　教师点睛，引导解惑 ⋯⋯⋯⋯⋯⋯⋯⋯⋯⋯⋯⋯⋯⋯⋯⋯⋯⋯⋯ *12*

　　　【引导1】低压配电电器的安装 ⋯⋯⋯⋯⋯⋯⋯⋯⋯⋯⋯⋯⋯⋯⋯⋯⋯⋯⋯⋯ *12*

　　　【引导2】用万用表检测低压配电电器 ⋯⋯⋯⋯⋯⋯⋯⋯⋯⋯⋯⋯⋯⋯⋯⋯⋯ *17*

　　学习活动五　项目实施 ⋯⋯⋯⋯⋯⋯⋯⋯⋯⋯⋯⋯⋯⋯⋯⋯⋯⋯⋯⋯⋯⋯⋯⋯⋯ *19*

　　学习活动六　成果展示并汇报 ⋯⋯⋯⋯⋯⋯⋯⋯⋯⋯⋯⋯⋯⋯⋯⋯⋯⋯⋯⋯⋯ *20*

　　学习活动七　项目评价 ⋯⋯⋯⋯⋯⋯⋯⋯⋯⋯⋯⋯⋯⋯⋯⋯⋯⋯⋯⋯⋯⋯⋯⋯⋯ *20*

　子项目1.2　低压控制电器的认识、安装与检测 ⋯⋯⋯⋯⋯⋯⋯⋯⋯⋯⋯⋯⋯⋯⋯ *21*

　　学习活动一　接受项目，明确要求 ⋯⋯⋯⋯⋯⋯⋯⋯⋯⋯⋯⋯⋯⋯⋯⋯⋯⋯⋯ *21*

　　学习活动二　小组讨论，自主获取信息 ⋯⋯⋯⋯⋯⋯⋯⋯⋯⋯⋯⋯⋯⋯⋯⋯⋯ *22*

　　　【信息1】接触器的认识 ⋯⋯⋯⋯⋯⋯⋯⋯⋯⋯⋯⋯⋯⋯⋯⋯⋯⋯⋯⋯⋯⋯⋯ *22*

　　　【信息2】继电器的认识 ⋯⋯⋯⋯⋯⋯⋯⋯⋯⋯⋯⋯⋯⋯⋯⋯⋯⋯⋯⋯⋯⋯⋯ *27*

　　学习活动三　小组制订计划 ⋯⋯⋯⋯⋯⋯⋯⋯⋯⋯⋯⋯⋯⋯⋯⋯⋯⋯⋯⋯⋯⋯⋯ *31*

　　学习活动四　教师点睛，引导解惑 ⋯⋯⋯⋯⋯⋯⋯⋯⋯⋯⋯⋯⋯⋯⋯⋯⋯⋯⋯ *31*

　　　【引导】用万用表检测低压控制电器 ⋯⋯⋯⋯⋯⋯⋯⋯⋯⋯⋯⋯⋯⋯⋯⋯⋯ *31*

　　学习活动五　项目实施 ⋯⋯⋯⋯⋯⋯⋯⋯⋯⋯⋯⋯⋯⋯⋯⋯⋯⋯⋯⋯⋯⋯⋯⋯⋯ *34*

　　学习活动六　成果展示并汇报 ⋯⋯⋯⋯⋯⋯⋯⋯⋯⋯⋯⋯⋯⋯⋯⋯⋯⋯⋯⋯⋯ *35*

　　学习活动七　项目评价 ⋯⋯⋯⋯⋯⋯⋯⋯⋯⋯⋯⋯⋯⋯⋯⋯⋯⋯⋯⋯⋯⋯⋯⋯⋯ *35*

项目2　车床电路的装调与故障检修 ⋯⋯⋯⋯⋯⋯⋯⋯⋯⋯⋯⋯⋯⋯⋯⋯⋯⋯⋯⋯ *37*

　子项目2.1　CA6140车床控制电路的安装与调试 ⋯⋯⋯⋯⋯⋯⋯⋯⋯⋯⋯⋯⋯ *37*

　　学习活动一　接受项目，明确要求 ⋯⋯⋯⋯⋯⋯⋯⋯⋯⋯⋯⋯⋯⋯⋯⋯⋯⋯⋯ *37*

　　学习活动二　小组讨论，自主获取信息 ⋯⋯⋯⋯⋯⋯⋯⋯⋯⋯⋯⋯⋯⋯⋯⋯⋯ *38*

　　　【信息1】点动与正转控制电路的分析 ⋯⋯⋯⋯⋯⋯⋯⋯⋯⋯⋯⋯⋯⋯⋯⋯ *38*

　　　【信息2】顺序起动控制电路的分析 ⋯⋯⋯⋯⋯⋯⋯⋯⋯⋯⋯⋯⋯⋯⋯⋯⋯ *39*

　　　【信息3】车床概况 ⋯⋯⋯⋯⋯⋯⋯⋯⋯⋯⋯⋯⋯⋯⋯⋯⋯⋯⋯⋯⋯⋯⋯⋯⋯ *44*

　　学习活动三　小组制订计划 ···································· 46
　　学习活动四　教师点睛，引导解惑 ···························· 47
　　　【引导1】CA6140型车床的主要结构及运动形式 ············· 47
　　　【引导2】CA6140型车床电力拖动特点及控制要求 ··········· 50
　　　【引导3】CA6140型车床控制电路的分析 ··················· 50
　　　【引导4】CA6140型车床控制电路的选件 ··················· 53
　　学习活动五　项目实施 ···································· 55
　　学习活动六　成果展示并汇报 ······························ 56
　　学习活动七　项目评价 ···································· 56
　子项目2.2　CA6140型车床控制电路的故障分析及检修 ········· 58
　　学习活动一　接受项目，明确要求 ···························· 58
　　学习活动二　小组讨论，自主获取信息 ························ 58
　　　【信息1】故障检修的方法 ································ 58
　　　【信息2】电阻分阶测量法检测举例 ························ 60
　　学习活动三　小组制订计划 ································ 60
　　学习活动四　教师点睛，引导解惑 ···························· 61
　　　【引导1】CA6140型车床带故障点的图样分析 ··············· 61
　　　【引导2】用电阻分阶测量法对CA6140型车床故障检修 ········ 63
　　学习活动五　项目实施 ···································· 64
　　学习活动六　成果展示并汇报 ······························ 64
　　学习活动七　项目评价 ···································· 65
项目3　磨床电路的装调与故障检修 ···························· 66
　子项目3.1　M7120型平面磨床控制电路的安装与调试 ·········· 66
　　学习活动一　接受项目，明确要求 ···························· 66
　　学习活动二　小组讨论，自主获取信息 ························ 66
　　　【信息1】正、反转控制电路的分析 ························ 66
　　　【信息2】自动往返控制电路的分析 ························ 69
　　　【信息3】磨床概况 ···································· 72
　　学习活动三　小组制订计划 ································ 72
　　学习活动四　教师点睛，引导解惑 ···························· 73
　　　【引导1】M7120型平面磨床的主要结构及运动形式 ·········· 73
　　　【引导2】M7120型平面磨床控制电路的分析 ················ 74
　　学习活动五　项目实施 ···································· 77
　　学习活动六　成果展示并汇报 ······························ 78
　　学习活动七　项目评价 ···································· 78
　子项目3.2　M7120型平面磨床控制电路的故障分析及检修 ······ 80
　　学习活动一　接受项目，明确要求 ···························· 80
　　学习活动二　小组讨论，自主获取信息 ························ 80
　　　【信息1】电阻分段测量法 ································ 80

【信息2】电阻分段测量法检测举例 ·· 80

学习活动三　小组制订计划 ··· 81

学习活动四　教师点睛，引导解惑 ··· 82

【引导1】M7120型平面磨床带故障点的图样分析 ··············· 82

【引导2】用电阻分段测量法对M7120型磨床控制电路故障检修 ··· 87

学习活动五　项目实施 ··· 87

学习活动六　成果展示并汇报 ··· 89

学习活动七　项目评价 ··· 89

项目4　钻床电路的装调与故障检修 ···································· 91

子项目4.1　Z35型摇臂钻床控制电路的安装与调试 ··············· 91

学习活动一　接受项目，明确要求 ··· 91

学习活动二　小组讨论，自主获取信息 ····································· 91

【信息1】十字开关的认识 ··· 91

【信息2】钻床概况 ··· 92

学习活动三　小组制订计划 ··· 94

学习活动四　教师点睛，引导解惑 ··· 95

【引导1】摇臂钻床的主要结构及运动形式 ··························· 95

【引导2】Z35型摇臂钻床电力拖动特点及控制要求 ·············· 97

【引导3】Z35型摇臂钻床控制电路的分析 ··························· 98

【引导4】Z35型摇臂钻床控制电路的选件 ·························· 101

学习活动五　项目实施 ··· 103

学习活动六　成果展示并汇报 ··· 104

学习活动七　项目评价 ··· 104

子项目4.2　Z35型摇臂钻床控制电路的故障分析及检修 ········· 106

学习活动一　接受项目，明确要求 ·· 106

学习活动二　小组讨论，自主获取信息 ···································· 106

【信息1】电压分阶测量法 ··· 106

【信息2】电压分阶测量法检测举例 ···································· 106

学习活动三　小组制订计划 ·· 107

学习活动四　教师点睛，引导解惑 ·· 108

【引导1】利用Z35型摇臂钻床故障现象分析故障点位置 ········· 108

【引导2】用电压分阶测量法对Z35型摇臂钻床故障检修 ········· 109

学习活动五　项目实施 ··· 109

学习活动六　成果展示并汇报 ··· 110

学习活动七　项目评价 ··· 110

项目5　铣床电路的装调与故障检修 ·································· 112

子项目5.1　X62W型万能铣床控制电路的安装与调试 ··········· 112

学习活动一　接受项目，明确要求 ·· 112

学习活动二　小组讨论，自主获取信息 ···································· 112

【信息 1】多地控制控制电路的分析 ……………………………………………… 112

【信息 2】调速控制电路的分析 …………………………………………………… 114

【信息 3】制动控制电路的分析 …………………………………………………… 123

【信息 4】铣床概况 ………………………………………………………………… 131

学习活动三 小组制订计划 ………………………………………………………… 134

学习活动四 教师点睛，引导解惑 ………………………………………………… 135

【引导 1】X62W 型万能铣床的主要结构及运动形式 …………………………… 135

【引导 2】X62W 型万能铣床电力拖动特点及控制要求 ………………………… 136

【引导 3】X62W 型万能铣床控制电路的分析 …………………………………… 136

【引导 4】X62W 型万能铣床控制电路的选件 …………………………………… 143

学习活动五 项目实施 ……………………………………………………………… 145

学习活动六 成果展示并汇报 ……………………………………………………… 146

学习活动七 项目评价 ……………………………………………………………… 146

子项目 5.2 X62W 型万能铣床控制电路的故障分析及检修 …………………… 147

学习活动一 接受项目，明确要求 ………………………………………………… 147

学习活动二 小组讨论，自主获取信息 …………………………………………… 148

【信息 1】电压分段测量法 ………………………………………………………… 148

【信息 2】电压分段测量法检测举例 ……………………………………………… 148

学习活动三 小组制订计划 ………………………………………………………… 149

学习活动四 教师点睛，引导解惑 ………………………………………………… 150

【引导 1】X62W 型万能铣床的带故障点的图样分析 …………………………… 150

【引导 2】用电压分段测量法对 X62W 型铣床故障检修 ………………………… 153

学习活动五 项目实施 ……………………………………………………………… 154

学习活动六 成果展示并汇报 ……………………………………………………… 156

学习活动七 项目评价 ……………………………………………………………… 156

项目 6 镗床电路的装调与故障检修 ……………………………………………… 158

子项目 6.1 T68 型镗床控制电路的安装与调试 ………………………………… 158

学习活动一 接受项目，明确要求 ………………………………………………… 158

学习活动二 小组讨论，自主获取信息 …………………………………………… 158

【信息 1】电气电路的设计方法 …………………………………………………… 158

【信息 2】电气控制系统设计的基本原则 ………………………………………… 161

【信息 3】基于工作过程的电路设计举例 ………………………………………… 167

【信息 4】镗床概况 ………………………………………………………………… 169

学习活动三 小组制订计划 ………………………………………………………… 169

学习活动四 教师点睛，引导解惑 ………………………………………………… 172

【引导 1】T68 型镗床的主要结构及运动形式 …………………………………… 172

【引导 2】T68 型镗床的电气控制特点 …………………………………………… 173

【引导 3】T68 型镗床控制电路的分析 …………………………………………… 173

学习活动五 项目实施 ……………………………………………………………… 175

学习活动六 成果展示并汇报 ……………………………………………………… 177

学习活动七　项目评价 ··· 177

子项目 6.2　T68 型镗床控制电路的故障分析及检修 ······························ 179

学习活动一　接受项目，明确要求 ··· 179

学习活动二　小组讨论，自主获取信息 ··· 179

【信息 1】试电笔法检测电路 ··· 179

【信息 2】校灯法检测电路 ··· 179

学习活动三　小组制订计划 ··· 179

学习活动四　教师点睛，引导解惑 ··· 181

【引导 1】T68 型镗床带故障点的图样分析 ··· 181

【引导 2】用试电笔法对 T68 型镗床故障检修 ····································· 184

学习活动五　项目实施 ··· 186

学习活动六　成果展示并汇报 ··· 186

学习活动七　项目评价 ··· 187

项目 7　桥式起重机电路的分析与故障检修 ··· 188

学习活动一　接受项目，明确要求 ··· 188

学习活动二　小组讨论，自主获取信息 ··· 188

【信息 1】认识桥式起重机 ··· 188

【信息 2】桥式起重机的结构及运动形式 ··· 188

【信息 3】桥式起重机的供电特点 ··· 190

学习活动三　小组制订计划 ··· 190

学习活动四　教师点睛，引导解惑 ··· 191

【引导 1】桥式起重机对电力拖动的要求 ··· 191

【引导 2】桥式起重机总体控制电路 ··· 191

学习活动五　项目实施 ··· 195

学习活动六　成果展示并汇报 ··· 196

学习活动七　项目评价 ··· 196

拓展项目　C650 车床的 PLC 改造 ··· 198

学习活动一　接受项目，明确要求 ··· 198

学习活动二　小组讨论，自主获取信息 ··· 198

【信息】C650 车床的认识 ·· 198

学习活动三　小组制订计划 ··· 199

学习活动四　教师点睛，引导解惑 ··· 200

【引导 1】C650 车床控制电路分析 ··· 200

【引导 2】PLC 设计 ··· 202

【引导 3】C650 车床 PLC 改造控制电路的选件 ····································· 205

学习活动五　项目实施 ··· 207

学习活动六　成果展示并汇报 ··· 208

学习活动七　项目评价 ··· 208

参考文献 ··· 210

项目1　常见低压电器的认识、安装与检测

项目教学目标

知识能力：会分析常用低压电器的结构、了解各组成部分的作用。

技能能力：① 能够根据低压电器元件的类别正确选择并安装。

② 会熟练地进行低压电器元件的安装，并可以用工具进行检测元器件。

③ 在低压电器元件出现故障的情况下，会进行有选择的维修。

社会能力：① 通过团队的合作来完成项目，培养学生的团队协作精神。

② 通过收集资料、制订工作计划来完成项目的实施，形成自主学习、尊重科学、实事求是的科学态度。

③ 在实践中培养学生核心素养，使学生更加适应社会的发展，实现纵深学习、全面发展的目标。

子项目1.1　低压配电电器的认识、安装与检测

学习活动一　　　　　接受项目，明确要求

机加工车间里有一些设备常常需要使用电动机及控制电路来实现拖动运行，比如车床主轴的运行、摇臂钻床摇臂的上升与下降运行、运料小车的前进与后退运行等，这些设备能正常运行都是由三相笼型异步电动机及各种低压电器元件组成控制电路来完成拖动的。我们的项目就是熟悉低压开关、低压断路器、按钮、熔断器、交流接触器、热继电器等常用低压电器的基本结构，掌握它们的动作原理和用途，能够用检测工具对低压配电电器元件进行选择和检测。

学习活动二　　　　　小组讨论，自主获取信息

【信息1】低压开关的认识

电器就是在电能的生产、输送、分配与应用中起着控制、调节、检测和保护作用，根据外界的信号和要求，自动或手动接通或断开电路，断续或连续地改变电路参数，以实现对电路或非电路对象的切换、控制、保护、检测、变换和调节用的电气设备。

电器分为低压电器和高压电器。低压电器用于交流1200 V、直流1500 V以下电路；高压电器用于交流1200 V、直流1500 V以上电路。

　　低压电器按操作方式的不同可分为手动电器和自动电器，按执行机构不同可分为有触点电器和无触点电器，按使用的系统（即按用途）不同又可分为低压配电电器和低压控制电器。

　　低压配电电器主要用于低压供电系统。当电路出现故障（过载、短路、欠电压、失电压、断相、漏电等）时，可以起到保护作用，能断开故障电路。其特性包括动作稳定性、热稳定性。例如：低压断路器可以实现过载、短路、失电压欠电压保护等，熔断器可以实现短路保护。

　　低压控制电器主要用于电力传动控制系统。能分断过载电流，但不能分断短路电流。其特性包括通断能力、操作频率、电气和机械寿命等。例如：接触器、继电器、控制器及主令电器等。

1. 刀开关的认识

　　刀开关是一种手动控制电器，主要用来手动接通与断开交、直流电路，通常只作电源隔离开关使用，也可用于不频繁地接通与分断额定电流以下的负载，如小型电动机、电阻炉等。

　　刀开关按极数划分有单极、双极与三极三种，如图1-1所示。其结构由操作手柄、刀片（动触点）、触点座（静触点）和底板等组成。

　　刀开关常用的产品有HD11～HD14和HS11～HS13系列刀开关；HK1、HK2系列开启式负荷开关；HH3、HH4系列封闭式负荷开关；HR3系列熔断器刀开关等。

　　（1）开关板用刀开关（不带熔断器式刀开关）

　　开关板用刀开关用于不频繁地手动接通、断开电路及用作隔离电源。

　　（2）带熔断器式刀开关

　　带熔断器式刀开关用作电源开关、隔离开关和应急开关，并作电路保护用。

　　刀开关的电路图形及文字符号如图1-1所示。

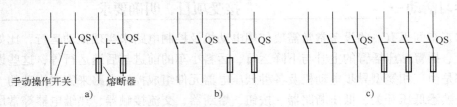

图1-1　刀开关的电路图形及文字符号
a）单极　b）双极　c）三极

2. 组合开关的认识

　　组合开关又称转换开关，一般用于电气设备中不频繁通断电路、换接电源和负载，以及小功率电动机不频繁地起停控制。转换开关实际上是由多极触点组合而成的刀开关，即由动触片（动触点）、静触片（静触点）、转轴、手柄、定位机构及外壳等部分组成。其动、静触片分别叠装于数层绝缘壳内，当转动手柄时，每层的动触片随方形转轴一起转动。

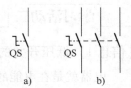

图1-2　转换开关的电路图形及文字符号
a）单极　b）三极

　　转换开关分成单极和三极，电路图形及文字符号如图1-2所示，用转换开关可控制 7 kW 以下电动机的起动和停止，其额定电流应为电动机额定电流的 3 倍；当用转换开关接通电源，由接触器控制电动机时，其额定电流可稍大于电动机的额定电流。

3. 低压断路器的认识

（1）低压断路器的结构和工作原理

低压断路器又称为低压自动空气开关。保护电动机用低压断路器，可以保护电动机的过载和短路；配电用低压断路器，在配电网络中用来分配电能和作线路及电源设备的过载和短路保护用，也可作为电动机不频繁起动及线路的不频繁转换用。

低压断路器具有操作安全、工作可靠、动作值可调、分断能力较强等优点，因此得到广泛应用。

低压断路器按结构形式可分为塑壳式（又称装置式）、框架式（又称万能式）两大类。框架式断路器主要用作配电网络的保护开关，而塑壳式断路器除用作配电网络的保护开关外，还用作电动机、照明电路的控制开关。

低压断路器在动作上相当于刀开关、熔断器和欠电压继电器的组合作用。它的结构形式很多，其结构及图形符号如图 1-3 所示，它主要由触点、脱扣机构组成。主触点通常是由手动的操作机构来闭合的，开关的脱扣机构是一套连杆装置，当主触点闭合后就被锁钩扣住。

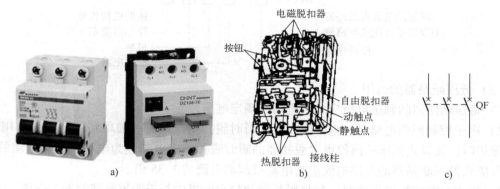

图 1-3　低压断路器外形结构及电气符号图
a）典型低压断路器外形图　b）低压断路器结构图　c）低压断路器电气符号

低压断路器的工作原理如图 1-4 所示。使用时断路器的 3 副主触点串联在被控制的三相电路中，按下接通按钮时，外力使锁扣克服反作用弹簧的反力，将固定在锁扣上面的动触点与静触点闭合，并由锁扣锁住搭钩使动静触点保持闭合，开关处于接通状态。

当电路发生过载时，过载电流流过热元件产生一定的热量，使双金属片受热向上弯曲，通过杠杆推动搭钩与锁扣脱开，在反作用弹簧的推动下，动、静触点分开，从而切断电路，使用电设备不致因过载而烧毁。

当电路发生短路故障时，短路电流超过电磁脱扣器的瞬时脱扣整定电流，电磁脱扣器产生足够大的吸力将衔铁吸合，通过杠杆推动搭钩与锁扣分开，从而切断电路，实现短路保护。低压断路器出厂时，电磁脱扣器的瞬时脱扣整定电流一般整定为 $10I_N$（I_N 为断路器的额定电流）。

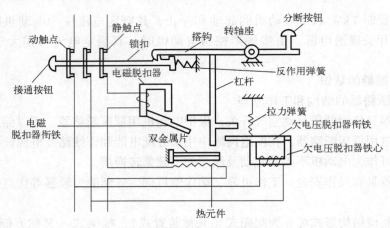

图 1-4　低压断路器工作原理图

当被保护电路失电压或电压过低时，欠电压脱扣器中衔铁因吸力不足而将被释放，经过杠杆将搭钩顶开，主触点被断开；当电源恢复正常时，必须重新合闸后才能工作，实现了欠电压和失电压保护。

断路器的型号含义如下：

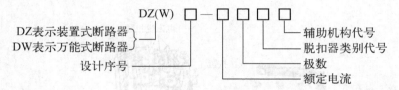

（2）低压断路器的选用

1）低压断路器的额定电压应高于电路的额定电压。

2）用于控制照明电路时，电磁脱扣器的瞬时脱扣整定电流一般取负载的 6 倍。用于电动机保护时，装置式低压断路器电磁脱扣器的瞬时脱扣整定电流应为电动机起动电流的 1.7倍。万能式低压断路器的上述电流应为电动机起动电流的 1.35 倍。

3）用于分断或接通电路时，其热脱扣器的整定电流应等于所控负载的额定电流。

4）选用低压断路器作为多台电动机短路保护时，电磁脱扣器整定电流为容量最大的一台电动机起动电流的 1.3 倍加上其余电动机额定电流之和的 2 倍。

5）选用低压断路器时，在类型、等级、规格等方面要配合上、下级开关的保护特性，不允许因本级保护失灵导致越级跳闸，扩大停电范围。

【信息 2】低压熔断器的认识

熔断器有高压熔断器和低压熔断器两种，这里只学习低压熔断器。

1. 低压熔断器的认识

低压熔断器是低压电路中最简单最常用的过载和短路保护电器，它以金属导体做熔体，串联于被保护电器或电路中，当电路或设备过载或短路时，大电流使熔体发热熔化，从而分断电路。

熔断器的结构简单、分断能力高、使用和维修方便、体积小、价格低，在电气系统中得到广泛的使用。但熔断器中的熔体大多只能一次性使用，功能简单，且更换需要一定时间，使系统恢复供电时间较长。熔断器的电路符号如图 1-5 所示。

图 1-5　熔断器的电气符号

常用的低压熔断器有插入式、螺旋式、无填料封闭管式、有填料封闭管式等几种，如 RCL、RL1、RM10、RT18 系列等，其型号的含义如下：

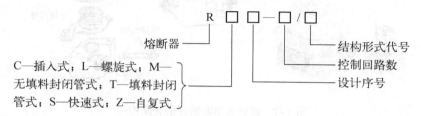

（1）瓷插式熔断器

瓷插式熔断器主要用于 380 V 三相电路和 220 V 单相电路做短路保护，其外形及结构如图 1-6 所示。

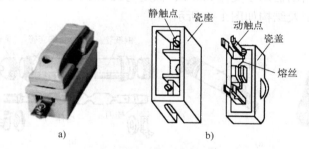

图 1-6　瓷插式熔断器外形结构图

a）瓷插式熔断器外形图　b）瓷插式熔断器结构图

瓷插式熔断器主要由瓷座、瓷盖、静触点、动触点、熔丝等组成，瓷座中部有一个空腔，与瓷盖的凸出部分组成灭弧室。60 A 以上的瓷插式熔断器在空腔中垫有编织石棉层，以加强灭弧功能，当电路短路时，大电流将熔丝熔断，从而分断电路起保护作用。

瓷插式熔断器具有结构简单、价格低廉、熔丝更换方便等优点，以前多用于照明电路，目前已被低压断路器所取代。

（2）螺旋式熔断器

螺旋式熔断器主要用于交流 380 V、电流 200 A 以内的电路和用电设备做短路保护，其外形和结构如图 1-7 所示。

螺旋式熔断器主要由瓷帽、熔体（熔芯）、瓷套、上、下接线桩及底座等组成。熔体内除装有熔丝外，还填有灭弧的石英砂。熔体上盖中心装有标着红色的熔断指示器，当熔丝熔断时，指示器自动跳出，因此从瓷盖上的玻璃窗口可检查熔体是否完好。

螺旋式熔断器具有体积小、结构紧凑、熔断快、分断能力强、熔丝更换方便、使用安全可靠、熔丝熔断后能自动指示等优点，在机床电路中广泛应用。

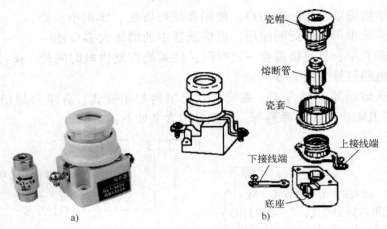

图 1-7　螺旋式熔断器外形和结构图

a）螺旋式熔断器外形图　b）螺旋式熔断器结构图

（3）无填料封闭管式熔断器

无填料封闭管式熔断器用于交流 380 V、额定电流 1000 A 以内的低压电路及成套配电设备做短路保护，其外形及结构如图 1-8 所示。

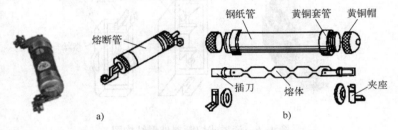

图 1-8　无填料封闭管式熔断器外形结构图

a）无填料封闭管式熔断器外形图　b）无填料封闭管式熔断器结构图

无填料封闭管式熔断器主要由熔断管、夹座组成，熔断管内装有熔体，当大电流通过时，熔体在狭窄处被熔断，钢纸管在熔体熔断所产生的电弧的高温作用下，分解出大量气体，增大管内压力，起到灭弧作用。

无填料封闭管式熔断器具有分断能力强、保护特性好、熔体更换方便等优点，但结构复杂、材料消耗大、价格较高。一般熔体被熔断和拆换 3 次以后，就要更换新熔管。

（4）有填料封闭管式熔断器

有填料封闭管式熔断器主要用于交流 380 V、额定电流 1000 A 以内的大短路电流的电力网络和配电装置中作为电路、电动机、变压器及其他设备的短路保护电器，其外形及结构如图 1-9 所示。

有填料封闭管式熔断器主要由熔管、触刀、夹座、底座等部分组成，熔管内填满直径为 0.5~1.0 mm 的石英砂，以加强灭弧功能。

有填料封闭管式熔断器具有分断能力强、保护特性好、使用安全、有熔断指示等优点，被广泛应用在短路电流较大的电力输配电系统中。特别是 RT 系列熔断器，采用导轨安装、安全性能高的指触防护接线端子，目前在电气设备中广泛应用。

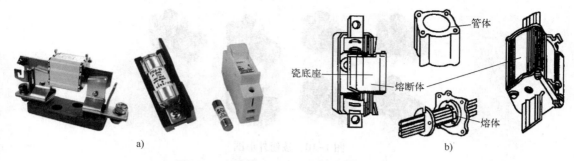

图 1-9　有填料封闭管式熔断器外形结构图

a) 有填料封闭管式熔断器外形图　b) 有填料封闭管式熔断器结构图

2. 低压熔断器的选用

选择熔断器主要应考虑熔断器的种类、额定电压、熔断器额定电流等级和熔体的额定电流。

1) 熔断器的额定电压 U_N 应大于或等于电路的工作电压 U_L，即 $U_N \geqslant U_L$。

2) 熔断器的额定电流 I_N 必须大于或等于所装熔体的额定电流 I_{FU}，即 $I_N \geqslant I_{FU}$。

3) 熔体额定电流 I_{FU} 的选择。

① 当熔断器保护电阻性负载时，熔体的额定电流等于或稍大于电路的工作电流即可，即 $I_{FU} \geqslant I_L$。

② 当熔断器保护一台电动机时，熔体的额定电流可按下式计算

$$I_{FU} = (1.5 \sim 2.5) I_N$$

式中　I_N——动机的额定电流。

轻载起动或起动时间短时，系数可取得小些，相反若重载起动或起动时间长时，系数可取得大一些。

③ 当熔断器保护多台电动机时，熔体的额定电流可按下式计算

$$I_{FU} = (1.5 \sim 2.5) I_{N(max)} + \sum I_N$$

式中　$I_{N(max)}$——容量最大的电动机额定电流；

　　　$\sum I_N$——其余电动机额定电流之和。

轻载起动或起动时间短时，系数可取得小些；反之，则系数可取得大一些。

【信息 3】主令电器的认识

1. 按钮的认识与使用

（1）按钮的结构及作用

按钮又称为控制按钮或按钮开关，是一种简单的手动电器。它不能直接控制主电路的通断，而是通过短时接通或分断 5 A 以下的小电流控制电路，向其他电器发出指令性的电信号，控制其他电器的动作。

按钮主要由按钮帽、复位弹簧、常闭触点、常开触点、接线柱及外壳组成，其种类很多，常用的有 LA10、LA18、LA19 和 LA25 等系列，按钮外形图 1-10 所示。

由于按钮触点结构、数量和用途的不同，它又分为起动按钮（常开按钮）、停止按钮（常闭按钮）和复合按钮（既有常开触点又有常闭触点）。按钮的结构图和电气符号如图 1-11 所示。

图 1-10　按钮外形图

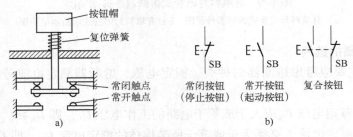

a)　　　　　　　　　　　　　　b)

图 1-11　按钮结构图及电气符号图

a) 按钮结构图　b) 按钮电气符号

当用手按下按钮帽时，动触点向下移动，上面的常闭（动断）触点先断开，下面的常开（动合）触点后闭合；当松开按钮帽时，在复位弹簧的作用下，动触点自动复位，使得常开触点先断开，常闭触点后闭合。这种在一个按钮内分别安装有常闭和常开触点的按钮称为复合按钮。

常用按钮的型号含义如下：

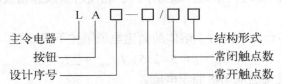

不同结构形式的按钮，分别用不同的字母表示：如 "K" 表示开启式；"H" 表示保护式，"X" 表示旋钮式，"D" 表示带指示灯式，"DJ" 表示紧急式带指示灯；"J" 表示紧急式，"S" 表示防水式；"F" 表示防腐式；"Y" 表示钥匙式；若无标示则为平钮式。

（2）按钮颜色的含义

按钮颜色的含义如表 1-1 所示。

表 1-1　按钮颜色的含义

颜色	含义	说　明	应用示例
红	紧急	危险或紧急情况时操作	急停
黄	异常	异常情况时操作	干预、制止异常情况；干预、重启中断了的自动循环
绿	安全	安全情况或为正常情况准备时操作	起动/接通
蓝	强制性的	要求强制动作情况下的操作	复位功能

（续）

颜色	含义	说　明	应 用 示 例
白			起动/接通（优先）；停止/断开
灰	未赋予特定含义	除急停以外的一般功能的起动	起动/接通；停止/断开　　－
黑			起动/接通；停止/断开（优先）

（3）按钮的选用

1）根据使用场合，选择按钮的种类。如开启式、保护式、防水式和防腐式等。

2）根据用途，选用合适的形式。如手把旋钮式、紧急式和带指示灯式等。

3）按控制回路的需要，确定不同按钮数。如单钮、双钮、三钮和多钮等。

4）按工作状态指示和工作情况要求，选择按钮和指示灯的颜色，见表 1-1。

5）核对按钮额定电压、电流等指标是否满足要求。

使用前，应检查按钮帽弹性是否正常，动作是否自如，触点接触是否良好可靠，触点及导电部分应清洁无油污。

2. 行程开关的认识与使用

（1）行程开关的结构及作用

行程开关又称为限位开关或位置开关，它属于主令电器的另一种类型，其作用与按钮相同，都是向继电器、接触器发出电信号指令，实现对生产机械的控制。不同的是按钮靠手动操作，行程开关则是靠生产机械的某些运动部件与它的传动部位发生碰撞，令其内部触点动作，分断或切换电路，从而限制生产机械的行程、位置或改变其运动状态，指令生产机械停车、反转或变速等。

为了适应生产机械对行程开关的碰撞，行程开关与生产机械的碰撞部分有不同的结构形式，常用碰撞部分有直动式（按钮式）和滚轮式（旋转式），其中滚轮式又有单滚轮式和双滚轮式两种，其外形结构和电路符号如图 1-12 所示。

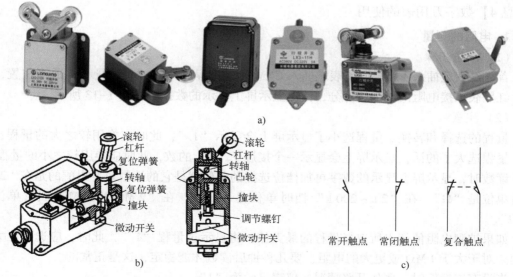

图 1-12　行程开关外形结构及电气符号图

a）行程开关外形图　b）行程开关结构图　c）行程开关电气符号

常用行程开关有 LX19 系列和 JLXK1 系列，其型号含义如下：

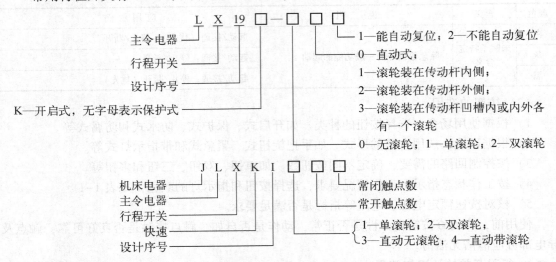

各种系列的行程开关结构基本相同，区别仅在于使行程开关动作的传动装置和动作速度不同。当生产机械挡铁碰撞行程开关滚轮时，传动杠杆连同转轴一起转动，使凸轮推动撞块，当撞块被推到一定位置时，推动微动开关快速动作，接通常开触点，分断常闭触点；当滚轮上的挡铁移开后，复位弹簧使行程开关各部分恢复到动作前的位置，为下一次动作做好准备。这就是单滚轮自动恢复行程开关的动作原理。对于双滚轮行程开关，在生产机械挡铁碰撞第一只滚轮时，内部微动开关动作；当挡铁离开滚轮后不能自动复位时，必须通过挡铁碰撞第二个滚轮，才能将其复位。

（2）行程开关的选用

行程开关触点允许通过的电流较小，一般不超过 5 A。选用行程开关时，应根据被控制电路的特点、要求及使用环境和所需触点数量等因素综合考虑。

【信息 4】数字万用表的使用

1. 电阻的测量

（1）测量步骤

首先红表笔插入 VΩ 孔，黑表笔插入 COM 孔，量程旋钮置 "Ω" 量程档适当位置，分别用红黑表笔接电阻两端金属部分，读出显示屏上显示的数据，如图 1–13 所示。

（2）注意

量程的选择和转换。量程选小了显示屏上会显示 "1."，此时应换用较之大的量程；反之，量程选大了的话，显示屏上会显示一个接近于 "0" 的数，此时应换用较之小的量程。

读数时，显示屏上显示的数字再加档位选择的单位就是它的读数。要提醒的是在 "200" 档时单位是 "Ω"，在 "2 k～200 k" 档时单位是 "kΩ"，在 "2 M～2000 M" 档时单位是 "MΩ"。

如果被测电阻值超出所选择量程的最大值，将显示过量程 "1."，此时，应选择更大的量程。对于大于 1 MΩ 或更大的电阻，要几秒钟后读数才能稳定，这是正常的。

当没有连接好时，例如开路情况，仪表显示为 "1"。

当检查被测电路的阻抗时，要保证移开被测电路中的所有电源，所有电容放电。被测电路中，如有电源和储能元件，会影响电路阻抗测试正确性。

例如图 1-13 所示，万用表置 200 kΩ 档位测一个 100 kΩ 的电阻时，万用表测量的误差就是 ±(档位×0.8%+1) = ±2.6 kΩ。即被测电阻的测量结果为 (100±2.6) kΩ，显示 99.2 kΩ 在允许误差之内。

2. 交流电压与直流电压的测量

(1) 测量步骤

测量交流电压时，红表笔插入 VΩ 孔，黑表笔插入 COM 孔，量程旋钮置 V~适当位置，读出显示屏上显示的数据，如图 1-14 所示。

图 1-13　万用表测电阻

图 1-14　万用表测交流电压

测量直流电压时，红表笔插入 VΩ 孔，黑表笔插入 COM 孔，量程旋钮置 V-适当位置，红表笔接触被测电压的高电位处，显示屏上显示的即为读数。

(2) 注意

交流电压和直流电压的测量，表笔插孔是一样的，不过应该将旋钮置对应的 "V~" 或 "V-" 所需的量程即可。

交流电压无正负之分。

无论测交流还是直流电压，都要注意人身安全，严禁用手触摸表笔的金属部分。

3. 交流电流与直流电流的测量

(1) 测量步骤

测量交流电流时，黑表笔插入 COM 孔，红表笔插入 mA 或者 20 A 孔，功能旋转开关置 A~（交流），并选择合适的量程，断开被测电路，将万用表串联入被测电路中，被测电路中电流从一端流入红表笔，经万用表黑表笔流出，再流入被测电路中，接通电路，读出显示屏数据。

(2) 注意

电流测量完毕后应将红笔插回 "VΩ" 孔，若忘记这一步而直接测电压，万用表或电源可能烧坏或报废！

如果使用前不知道被测电流范围，将功能开关置于最大量程并逐渐下降。如果显示器只显示"1",表示过量程,功能开关应置于更大量程。

如果档位选择 200 mA,表示最大输入电流为 200 mA,过量的电流将烧坏熔丝,一旦烧坏可更换熔丝,而 20 A 量程无熔丝保护,测量时不能超过 15 s。

学习活动三　　　　小组制订计划

请根据项目要求,结合小组讨论后获取的信息点,小组共同制订本项目的完成计划表,列出工作任务单,见表 1-2。

表 1-2　工作任务单

工作任务 名称	低压配电电器元件的认识、安装与检测		工作时间	4 学时
工作任务 分析	本项目的主要任务是识读分析低压配电电器元件,能够对电器元件进行安装与检测			
工作内容	1. 巩固低压配电电器元件的基本工作原理 2. 安装与检测低压配电电器			
工作任务 流程	1. 自查低压配电电器元件的基本工作原理和基本结构 2. 熟悉低压配电电器元件的图形符号和文字表示方法 3. 根据需要选择电器元件 4. 安装已选好的元器件并检测是否完好 5. 总结与反馈本次工作任务 6. 成绩考评			
工作任务 实施	元器件安装与检测记录:			
考评	按考评标准考评	见考评标准(反页)		
	考评成绩			
	教师签字		年　月　日	

学习活动四　　　　教师点睛,引导解惑

【引导 1】 低压配电电器的安装

1. 电气控制系统图的绘制

电气控制电路图是由许多电气元器件按照一定的要求和规律连接而成的。为了表达各种设备的电气控制系统的结构和原理,便于电气控制系统的安装、调试、使用和维护,需要将

电气控制系统中各电气元器件及它们之间的连接电路用一定的图形表达出来，这就是电气控制系统图。电气控制系统图一般包括电气原理图、电气布置图和电气安装接线图三种，各种图有其不同的用途和规定画法，都要求按照统一的图形和文字符号及标准的画法来绘制。为此，国家制订了一系列标准，用来规范电气控制系统的各种技术资料。

（1）电气控制系统图的图形符号

根据国家标准委参照国际电工委员会（IEC）颁布的有关文件，制定了我国电气设备的有关国家标准，如 GB/T 4728《电气简图用图形符号》、GB 5226.1—2008《机械电气安全 机床电气设备 第 1 部分：通用技术条件》、GB/T 6988《电气技术用文件的编制》、GB/T 5094《工业系统、装置与设备以及工业产品结构原则与参考代号》。

电气图示符号有图形符号、文字符号及回路标号等。

（2）电气控制系统图的绘制

1）电气原理图。电气原理图是指用国家标准规定的图形符号和文字符号代表各种元器件，依据控制要求和各电器的动作原理，用线条代表导线连接起来。它包括所有电气元器件的导电部件和接线端子，但不按电气元器件的实际位置来画，也不反映电气元器件的尺寸及安装方式。

绘制电气原理图应遵循以下原则。

① 电气控制电路一般分为主电路和辅助电路。辅助电路又可分为控制电路、信号电路、照明电路和保护电路等。

主电路是指从电源到电动机的大电流通过的电路，其中电源电路用水平线绘制，受电动力设备及其保护电气支路应垂直于电源电路画出。

控制电路、照明电路、信号电路及保护电路等应垂直地绘于两条水平电源线之间。耗能元器件的一端应直接连接在电位低的一端，控制触点连接在上方水平线和耗能元器件之间。

不论主电路还是辅助电路，各元器件一般应按动作顺序从上到下，从左到右依次排列，电路可以水平布置，也可以垂直布置。

② 在电气原理图中，所有电气元器件的图形、文字符号、接线端子标记必须采用国家规定的统一标准。

③ 采用电气元器件展开图的画法。同一电气元器件的各部分可以不画在一起，但需用同一文字符号标出。若有多个同一种类的电气元器件，可在文字符号后加上数字序号，例如 KM_1、KM_2。

④ 在原理图中，所有电器按自然状态画出。所有按钮、触点均按电器没有通电或没有外力操作、触点没有动作的原始状态画出。

⑤ 在原理图中，有直接电联系的交叉导线连接点，要用黑圆点表示。无直接联系的交叉导线连接点不画黑圆点。

⑥ 在原理图上将图分成若干个图区，并标明该区电路的用途和作用。在继电器、接触器线圈下方列出触点表，说明线圈和触点的从属关系。

如图 1-15 所示为某车床的电气原理图。

2）电器布置图。电器布置图是表示电气设备上所有电器元件的实际安装位置，为电气控制设备的安装、维修提供必要的技术资料。电器元件均用粗实线绘制出简单的外形轮廓，而不必按其外形形状画出。在图中一般留有 10% 以上的备用面积及导线槽（管）的位置，以供布线和改进设计时用，还需要标注出必要的尺寸。如图 1-16 所示为某车床的电器布置图。

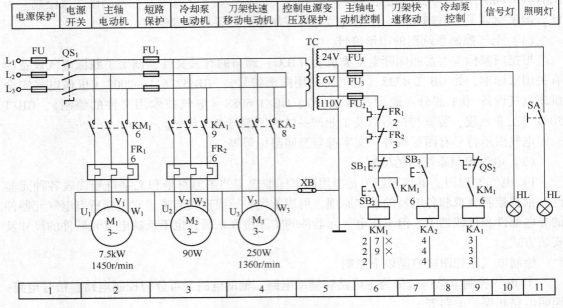

图 1-15　电气原理图示例

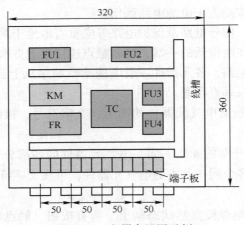

图 1-16　电器布置图示例

3）**电器安装接线图**。电器安装接线图反映电气设备各控制单元内部元器件之间的接线关系。电器安装接线图主要用于安装接线、电路检查、电路维修和故障处理。绘制接线图的原则如下。

① 应将各电器元件的组成部分画在一起，布置尽量符合电器的实际情况。

② 各电器的图形符号、文字符号及接线端子标记均与电气原理图一致。

③ 同一控制柜上的电器元件可直接相连，控制柜与外部器件相连，必须经过接线端子板，且互连线应注明规格，一般不表示实际走线。

如图 1-17 所示为某控制电路的电器安装接线图。

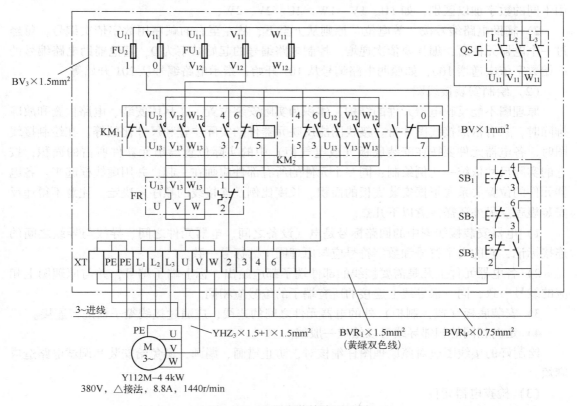

图 1-17　电器安装接线图示例

2. 电气控制电路的安装与调试

掌握电动机控制电路的安装与调试，是学习电动机控制电路从电气原理图到电动机实际控制运行的关键。

电气控制电路安装与调试的步骤如下。

（1）分析电气原理图

电动机的电气原理图反映了控制电路中电器元件间的控制关系。在安装电动机电气控制电路前，必须明确电器元件的数目、种类、规格，根据控制要求，弄清各电器元件间的控制关系及连接顺序，分析控制动作、确定检查电路的方法等。对于复杂的控制电路，应弄清它由哪些控制环节组成，分析环节之间的逻辑关系。

注意：电气原理图中应标注线号。从电源端起，每个相线分开，到负载端为止。应做到一线一号，不得重复。

电气原理图中的线号标注是将电路中的各个接点用字母或数字进行编号。具体方法如下：

1）主电路电源开关的进线端按相序依次编号为 L_1、L_2、L_3；出线端按相序依次编号为 U_{11}、V_{11}、W_{11}。然后按从上至下、从左至右的顺序，每经过一个电气元器件后，编号要递增，如 U_{12}、V_{12}、W_{12}；U_{13}、V_{13}、W_{13}；…。单台三相交流电动机的 3 根引出线按相序依次编号为 U、V、W，对于多台电动机引出线的编号，为了不致引起误解和混淆，可在字母前用不同的数字加以区别，如 1U、1V、1W；2U、2V、2W；…。

2）辅助电路编号按"等电位"原则从上至下、从左至右的顺序用数字依次编号，每经过一个电器元件后，编号要依次递增。控制电路编号的起始数字为 0，其他辅助电路编号的起始数字依次递增 100，如照明电路编号从 101 开始；指示电路编号从 201 开始等。

（2）绘制安装接线图

原理图不能反映电器元件的结构、体积和实际安装位置。在具体安装、电路检查和故障排除时，只有依照接线图才行。接线图能反映元器件的实际位置和尺寸比例等。在绘制接线图时，各电器元件要按在安装底板（或电气柜）中的实际位置绘出元器件所占的面积，按它的实际尺寸依统一比例绘制；同一个元件的所有部件应画在一起，并用虚线框起来。各电器元件的位置关系要根据安装底板的面积、长度比例及连接线的顺序来决定，注意不得违反安装规程。另外还需注意以下几点。

1）电器安装接线图中的回路标号是电气设备之间、电器元件之间、导线与导线之间的连接标记，它的文字符号和数字符号应与原理图中的标号一致。

2）各电器元件上凡是需要接线的部件端子都应绘出，标上端子编号，并与原理图上相应的线号一致，同一根导线上连接的所有端子的编号应相同。

3）安装底板（或控制柜）外的电器元件之间的连线，应通过接线端子板进行连接。

4）走向相同的相邻导线可以绘成一股线。

绘制好的接线图应对照原理图仔细核对，防止错画、漏画，避免给安装和调试电路造成麻烦。

（3）检查电器元件

为了避免电器元件自身的故障对电路造成影响，安装接线前应对所有的电器元件逐个进行检查。

1）外观检查：电器元件的外观是否清洁完整；外壳有无碎裂；零部件是否齐全有效；各接线端子及紧固件有无缺失、生锈等现象。

2）触点检查：电器元件的触点有无熔焊粘连、变形严重、氧化锈蚀等现象；触点的闭合、分断动作是否灵活；触点的开距、超程是否符合标准；接触压力弹簧是否有效。

3）电磁机构和传动机构的检查：电器的电磁机构和传动部件的动作是否灵活；有无衔铁卡阻、吸合位置不正等现象；新产品使用前应拆开清除铁心端面的防锈油；检查衔铁复位弹簧是否正常。用万用表检查所有元器件的电磁线圈的通断情况，测量它们的直流电阻并做好记录，以备检查电路和排除故障时参考。

4）其他器件的检查：检查有延时作用的所有电器元件的功能，如时间继电器的延时动作、延时范围及整定机构的作用；检查热继电器的热元件和触点的动作情况。

5）电器元件规格的检查：核对各电器元件的规格与图样要求是否一致。如：电器的电压等级和电流容量；触点的数目和开闭状况；时间继电器的延时类型等。不符合要求的应更换或调整。

（4）固定电器元件

按照接线图规定的位置将电器元件固定在安装底板上。元器件之间的距离要适当，既要节省面板，又要便于走线和投入运行后的检修。固定元件的步骤如下：

1）定位：将电器元件摆放在确定好的位置，用尖椎在安装孔中心做好标志，元件应排列整齐，以保证连接导线横平竖直、整齐美观，同时尽量减少弯折。

2）打孔：用手钻在做好的位置处打孔，孔径应略大于固定螺钉的直径。

3）固定：所有的安装孔打好后，用机螺钉将电器元件固定在安装底板上。固定元器件时，应注意在螺钉上加装平垫圈和弹簧垫圈。紧固螺钉时将弹簧垫圈压平即可，不要过分用力。防止用力过大将元器件塑料底板压裂造成损失。

【引导 2】 用万用表检测低压配电电器

1. 低压断路器的检测

低压断路器即自动空气开关，集控制和多种保护功能于一体，在电路工作正常时，它作为电源开关接通和分断电路；当电路中发生短路、过载和失电压等故障时，能自动跳闸切断故障电路，从而保护电路和电气设备。

检测：将开关扳到合闸位置，用万用表电阻档测量各对触点之间的接触情况。

低压断路器的常见故障及处理方法如表 1-3 所示。

表 1-3　低压断路器的常见故障及处理方法

故障现象	故障原因	处理方法
手动操作低压断路器，触点不能闭合	（1）失电压脱扣器无电压或线圈烧毁 （2）储能弹簧变形，闭合力减小 （3）反作用弹簧力过大 （4）机构不能复位	（1）加电压或更换新线圈 （2）更换储能弹簧 （3）调整弹簧反作用力 （4）调整脱扣器
电动操作低压断路器，触点不能闭合	（1）电源电压不符合操作电压 （2）电磁铁拉杆行程不够 （3）电动机操作定位开关失灵 （4）控制器中整流器或电容器损坏 （5）电源容量不够	（1）更换电源 （2）重新调整或更换拉杆 （3）重新定位 （4）更换损坏的元器件 （5）更换操作电源
有一相触点不闭合	开关的一相连杆断裂	更换连杆
合/分脱扣器不能使低压断路器分断	（1）线圈短路 （2）电源电压太低 （3）脱扣面太小 （4）螺钉松动	（1）更换线圈 （2）升高或更换电源电压 （3）重新调整脱扣面 （4）紧固松动螺钉
失压脱扣器不能使低压断路器分断	（1）反力弹簧变小 （2）若为储能释放，则储能弹簧力变小 （3）机构卡死	（1）调整更换弹簧 （2）调整储能弹簧 （3）消除卡死原因
起动电动机时，低压断路器立即分断	过电流脱扣器瞬动延时整定值不对	（1）调整过电流脱扣器瞬时整定弹簧 （2）空气式脱扣器阀门可能失灵或橡皮膜破裂，查明后更换
低压断路器工作一段时间后自行分断	（1）过电流脱扣器长延时整定值不对 （2）热元件和半导体延时元件变质	（1）重新调整 （2）更换元件
失压脱扣器有噪声	（1）反力弹簧力太大 （2）铁心工作面有油污 （3）短路环断裂	（1）调整触点压力或更换弹簧 （2）清除油污 （3）更换衔铁或铁心短路环
低压断路器温度过高	（1）触点压力过低 （2）触点表面磨损严重或接触不良 （3）两个导电元件连接处螺钉松动	（1）调整触点压力 （2）更换或清扫接触面，如不能换触点时，应更换整台开关 （3）拧紧

（续）

故障现象	故障原因	处理方法
辅助触点不能闭合	(1) 辅助开关的动触点卡死或脱落 (2) 辅助开关传动杆断裂或滚轮脱落	(1) 更换或重装好触点 (2) 更换
半导体过电流脱扣器误动作，使低压断路器断开	在查找故障时，确认半导体脱扣器本身无故障后，在大多数情况下，可能是别的电器动作产生巨大电磁场脉冲，错误触发半导体脱扣器	需要仔细查找引起错误触发的原因，例如大型电磁铁的分断、接触器的分断、电焊等，找出错误触发源予以隔离或更换电路

2. 按钮的检测

按钮是一种手动操作接通或分断小电流控制电路的主令电器。

检测：

① 检查外观是否完好。

② 手动操作：用万用表检查按钮的常开和常闭工作是否正常。

常闭按钮：当用万用表（欧姆档）表笔分别接触按钮的两接线端时 $R=0$，按下按钮，其 $R=\infty$。

常开按钮：当用万用表（欧姆档）表笔分别接触按钮的两接线端时 $R=\infty$，按下按钮，其 $R=0$。

按钮的常见故障及处理方法如表 1-4 所示。

表 1-4　按钮的常见故障及处理方法

故障现象	故障原因	处理方法
触点接触不良	(1) 触点烧损 (2) 触点表面有尘垢 (3) 触点弹簧失效	(1) 修整触点或更换产品 (2) 清洁触点表面 (3) 重绕弹簧或更换产品
触点间短路	(1) 塑料受热变形，导致接线螺钉相碰短路 (2) 杂物或油污在触点间形成通路	(1) 更换产品，并查明发热原因 (2) 清洁按钮内部

3. 位置开关的检测

位置开关（又称行程开关或限位开关）用来限制机械运动的位置或行程，使运动机械按一定位置或行程自动停止、反向运动、变速运动或自动往返运动等。

检测：

① 检查外观是否完好。

② 手动操作：用万用表检查位置开关的常开和常闭工作是否正常。

常闭触点：当用万用表（欧姆档）表笔分别接触按钮的两接线端时 $R=0$，按下按钮，其 $R=\infty$。

常开触点：当用万用表（欧姆档）表笔分别接触按钮的两接线端时 $R=\infty$，按下按钮，其 $R=0$。

行程开关的常见故障及处理方法如表 1-5 所示。

表 1-5　行程开关的常见故障及处理方法

故 障 现 象	故 障 原 因	处 理 方 法
挡铁碰撞位置开关后，触点不动作	(1) 安装位置不准确 (2) 触点接触不良或接线松脱 (3) 触点弹簧失效	(1) 调整安装位置 (2) 清刷触点或紧固接线 (3) 更换弹簧
杠杆已经偏转，或无外界机械力作用，但触点不复位	(1) 复位弹簧失效 (2) 内部撞块卡阻 (3) 调节螺钉太长，顶住开关按钮	(1) 更换弹簧 (2) 清扫内部杂物 (3) 检查调节螺钉

4. 熔断器的检测

熔断器的常见故障及处理方法如表 1-6 所示。

表 1-6　熔断器的常见故障及处理方法

故 障 现 象	故 障 原 因	处 理 方 法
电路接通瞬间，熔体熔断	(1) 熔体电流等级选择太小 (2) 负载侧短路或接地 (3) 熔体安装时受机械损伤	(1) 更换熔体 (2) 排除负载故障 (3) 更换熔体
熔体未见熔断，但电路不通	熔体或接线座接触不良	重新连接

学习活动五　　　　项目实施

1. 实施内容

1）低压断路器、熔断器、开关等基本低压配电电器元件的选用。

2）按照元器件布置图安装元器件。

3）检测低压配电电器元件。

2. 工具、仪表及器材

根据电气原理图元器件明细表，如表 1-7 所示。

表 1-7　低压配电电器元件明细表

序号	符号	名　称	型　号	规　格	数　量	备　注
1	QF	断路器	DZ47-63	三极，20 A	1	
2	FU1	熔断器	RT18-32	单极，配熔体 25 A	1	
3	FU2	熔断器	RT18-32	单极，配熔体 5 A	1	
4	SB1	控制按钮	LA38-11	红色	1	
5	SB2	控制按钮	LA38-11	绿色	1	

3. 实施步骤

1）通过自查资料的方式，分析基本低压电器元件的工作原理，并讨论其动作和控制过程。

2）学生按照元器件布置图（图 1-18），自己选择元器件（名称、规格、数量），有问题可以询问老师。

3）小组讨论并根据元器件布置图进行器件安装。

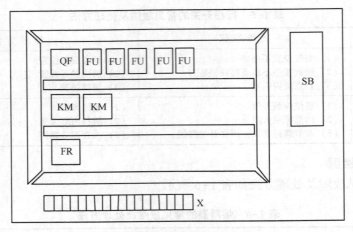

图 1-18　元器件布置图

4）安装完毕后小组协作尝试初步的自我测试。

5）测试认为可以后到老师那里进行总结。老师根据检测结果给小组评价打分。

6）成功后写实训报告单。

学习活动六　　　　　　　　成果展示并汇报

项目实施完毕后，请其中两个小组的组长来展示一下各自团队的成果，并请本组成员进行记录，把记录内容填到表 1-8 中。

表 1-8　展示板

汇报人员	安装展示图	展示内容分析

学习活动七　　　　　　　　项目评价

项目完成的小组请完成自我评价，并请前一小组成员进行评价，最后请老师完成评价，并统计评价结果，把分数填到表 1-9 中。

表 1-9　项目评价表

考核项目	考核内容	考核要求	评分要点及得分 （最高为该项配分值）	配分	得　分		
					自评	互评	师评
职业能力	元件安装	1. 按图样的要求，正确使用工具和仪表，熟练安装电器元件 2. 元器件在配电板上布置要合理，安装要准确、紧固 3. 按钮盒不固定在控制板上	1. 元器件布置不整齐、不匀称、不合理，每个扣1分 2. 元器件安装不牢固、安装元器件时漏装螺钉，每只扣1分 3. 损坏元器件，每只扣2分 4. 走线槽板布置不美观、不符合要求，每处扣2分	30			
	元件检测	1. 根据所给电动机容量，正确选择熔断器等元器件 2. 用万用表检测电器元件，并做记录 3. 对故障元器件观察并尽量维修	1. 选错元器件，每个扣1分 2. 熟悉检测过程，检测步骤错误扣3分 3. 能在检测过程中正确使用万用表，根据所测数据判断元器件是否出现故障，否则每处扣2分	40			
职业素质	安全文明操作	1. 劳动保护用品穿戴整齐，电工工具佩带齐全 2. 安全、正确、合理使用电器元件 3. 遵守安全操作规程	1. 未做相应的职业保护措施，扣2分 2. 损坏元器件一次，扣2分 3. 引发安全事故，扣5分	10			
	团队协作精神	1. 尊重指导教师与同学，讲文明礼貌 2. 分工合理、能够与他人合作、交流	1. 分工不合理，承担任务少扣5分 2. 小组成员不与他人合作，扣3分 3. 不与他人交流，扣2分	10			
	劳动纪律	1. 遵守各项规章制度及劳动纪律 2. 训练结束要养成清理现场的习惯	1. 违反规章制度一次，扣2分 2. 不做清洁整理工作，扣5分 3. 清洁整理效果差，酌情扣2~5分	10			
合计				100			
备注	自评学生签字：		自评成绩				
	互评学生签字：		互评成绩				
	指导老师签字：		师评成绩				
	总成绩 （自评成绩×20%+互评成绩×30%+教师评价成绩×50%）						

子项目 1.2　低压控制电器的认识、安装与检测

学习活动一　　　　　　　**接受项目，明确要求**

　　前边我们学习了低压配电电器元件的基本结构、工作原理和检测方法，今天我们分析它们的动作原理和用途，要求能够用检测工具对低压控制电器元件进行选择、安装和检测。

学习活动二 　　　　小组讨论，自主获取信息

【信息1】接触器的认识

　　接触器是用于远距离频繁地接通和切断交流或直流主电路及大容量控制电路的一种自动控制电器。其主要控制对象是电动机，也可以用于控制其他电力负载，如电热器、电照明、电焊机与电容器组等。接触器具有操作频率高、使用寿命长、工作可靠、性能稳定、维护方便等优点，同时还具有低压释放保护功能，因此，在电力拖动和自动控制系统中，接触器是运用最广泛的控制电器之一。

　　接触器一般是由继电器控制的功率型开关元件，是按承载的电流大小进行分类，最小电流容量一般为10 A。

　　接触器按控制电流性质不同，可分为交流接触器和直流接触器两大类。图1-19所示为几款接触器外形图。

图1-19　典型接触器外形图

　　a）CZ0直流接触器　b）CJT1系列交流接触器　c）CJX1系列交流接触器　d）CJX2-N系列可逆交流接触器

1. 交流接触器的认识与使用

（1）交流接触器的结构

　　交流接触器常用于远距离、频繁地接通和分断额定电压至1140 V、电流至630 A的交流电路。图1-20为交流接触器的结构示意图，它分别由电磁系统、触点系统、灭弧装置和其他部件组成。

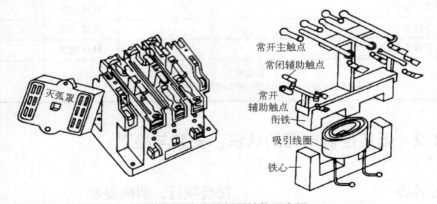

　　图中标注：常开主触点、常闭辅助触点、常开辅助触点、衔铁、吸引线圈、铁心、灭弧罩

图1-20　交流接触器结构示意图

1）电磁系统。交流接触器的电磁系统由线圈、静铁心、动铁心（衔铁）等组成，其作用是操纵触点的闭合与分断。

交流接触器的铁心一般用硅钢片叠压铆成，以减少交变磁场在铁心中产生的涡流及磁滞损耗，避免铁心过热。为了减少接触器吸合时产生的振动和噪声，在铁心上装有一个短路铜环（又称减振环），如图 1-21 所示。

当线圈中通有交流电时，在铁心中产生的是交变磁通，它对衔铁的吸引是按正弦规律变化的。当磁通经过零值时，铁心对衔铁的吸力也为零，衔铁在弹簧的作用下有释放的趋势，使得衔铁不能被铁心紧紧吸住，产生振动，发出噪声，同时这种振动使衔铁与铁心容易磨损，造成触点接触不良。安装短路铜环后，它相当于变压器的一个副绕组，当电磁线圈通入交流电时，线圈电流 i_1 产生磁通 Φ_1，短路环中

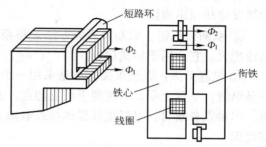

图 1-21　交流接触器静铁心上的短路环

产生感应电流 i_2，形成磁通 Φ_2，由于 i_1 与 i_2 的相位不同，故 Φ_1 与 Φ_2 的相位也不同，即 Φ_1 与 Φ_2 不同时为零。这样，在磁通 Φ_1 过零时，Φ_2 不为零而产生吸力，吸住衔铁，使衔铁始终被铁心吸牢，振动和噪声显著减小。

2）触点系统。接触器的触点按功能不同分为主触点和辅助触点两类。主触点用于接通和分断电流较大的主电路，体积较大，一般由 3 对常开触点组成；辅助触点用于接通和分断小电流的控制电路，体积较小，有常开和常闭两种触点。如 CJO—20 系列交流接触器有 3 对常开主触点、两对常开辅助触点和两对常闭辅助触点。为使触点导电性能良好，通常触点用紫铜制成。由于铜的表面容易氧化，生成不良导体氧化铜，故一般都在触点的接触点部分镶上银合金块，使之接触电阻小、导电性能好、使用寿命长。

根据接触器触点形状不同，可分为桥式触点和指形触点，其形状如图 1-22 所示。桥式触点分为点接触桥式触点和面接触桥式触点两种。图 1-22a 所示为两个点接触的桥式触点，适用于电流不大且压力小的地方，如辅助触点；图 1-22b 所示为两个面接触的桥式触点，适用于大电流的控制，如主触点；图 1-22c 所示为线接触指形触点，其接触区域为一直线，在触点闭合时产生滚动接触，适用于动作频繁、电流大的地方，如用作主触点。

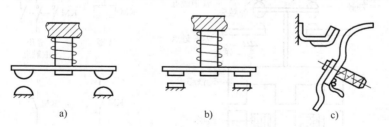

a)　　　　　　　　　　b)　　　　　　　　　c)

图 1-22　接触器的触点结构

a）点接触桥式触点　b）面接触桥式触点　c）线接触指形触点

为了使触点接触更紧密、减小接触电阻、消除开始接触时产生的有害振动，桥式触点或指形触点都安装有压力弹簧，随着触点的闭合加大触点间的压力。

3）灭弧装置。交流接触器在分断大电流或高电压电路时，其动、静触点间气体在强电场作用下产生放电，形成电弧，电弧发光、发热，灼伤触点，并使电路切断时间延长，引发事故。因此必须采取措施，使电弧迅速熄灭。在交流接触器中，常用的灭弧方法有以下几种。

① 电动力灭弧：利用触点分断时本身的电动力将电弧拉长，使电弧热量在拉长的过程中散发冷却而迅速熄灭。

② 双断口灭弧：双断口灭弧方法是将整个电弧分成两段，同时利用上述电动力将电弧迅速熄灭。它适用于桥式触点。

③ 纵缝灭弧：纵缝灭弧方法是采用一个纵缝灭弧装置来完成灭弧任务的。灭弧罩内有一条纵缝，下宽上窄。下宽便于放置触点，上窄有利于电弧压缩，并和灭弧室壁有很好的接触。当触点分断时，电弧被外界磁场或电动力横吹而进入缝内，其热量传递给室壁而迅速冷却熄灭。

④ 栅片灭弧：栅片灭弧装置主要由灭弧栅和灭弧罩组成，灭弧栅用镀铜的薄铁片制成，各栅片之间互相绝缘；灭弧罩用陶土或石棉水泥制成。当触点分断电路时，在动触点与静触点间产生电弧，电弧产生磁场，由于薄铁片的磁阻比空气小得多，因此电弧上部的磁通容易通过灭弧栅形成闭合磁路，使得电弧上部的磁通很稀疏，而下部的磁通则很密，这种上稀下密的磁场分布对电弧产生向上运动的力，将电弧拉到灭弧栅片当中，栅片将电弧分割成若干短弧，一方面使栅片间的电弧电压低于燃弧电压，另一方面栅片将电弧的热量散发，使电弧迅速熄灭。

4）其他部件。交流接触器除上述 3 个主要部分外，还包括反作用弹簧、复位弹簧、缓冲弹簧、触点压力弹簧、传动机构、接线柱、外壳等部件。

（2）交流接触器的工作原理

当交流接触器的电磁线圈接通电源时，线圈电流产生磁场，使静铁心产生足以克服弹簧反作用力的吸力，将动铁心向下吸合，使常开主触点和常开辅助触点闭合，常闭辅助触点断开。主触点将主电路接通，辅助触点则接通或分断与之相连的控制电路。当接触器线圈断电时，静铁心吸力消失，动铁心在反作用弹簧力的作用下复位，各触点也随之复位，将有关的主电路和控制电路分断或闭合。其原理图及符号如图 1-23 所示。

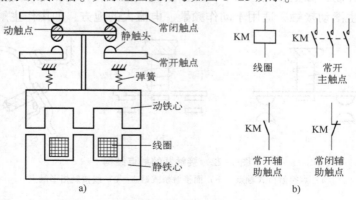

图 1-23　交流接触器原理图及电气符号图

a）交流接触器原理图　b）交流接触器电气符号

交流接触器工作时，一般当施加在线圈上的交流电压大于线圈额定电压值的 85% 时，铁心中产生的磁通对衔铁产生的电磁吸力克服复位弹簧的拉力，使衔铁带动触点动作。

接触器的触点动作时，常闭触点先断开，常开触点后闭合，主触点和辅助触点是同时动作的。当线圈中的电压值降到某一数值时，铁心中的磁通下降，吸力减小到不足以克服复位弹簧的拉力时，衔铁复位，使主触点和辅助触点复位。这个功能就是接触器的欠电压或失电压保护功能。但由于它只能接通和分断负载电流，不具备短路和过载保护作用，故必须与熔断器、热继电器等保护电路配合使用。

（3）交流接触器的选用

交流接触器在选用时，其工作电压不低于被控制电路的最高电压，交流接触器主触点额定电流应大于被控制电路的最大工作电流。用交流接触器控制电动机时，电动机额定电流不应超过交流接触器额定电流允许值。用于控制可逆运转或频繁起动的电动机时，交流接触器要增大一至二级使用。

交流接触器电磁线圈的额定电压应与被控制辅助电路电压一致，对于简单电路，多用 380 V 或 220 V；在电路较复杂或有低压电源的场合或工作环境有特殊要求时，也可选用 36 V 或 127 V 等。

接触器触点的数量、种类等应满足控制电路的要求。

常用的交流接触器有 CJT1、CJX1、CJX2、CJ12、CJ20、CJ40 等系列交流接触器。其型号的含义如下：

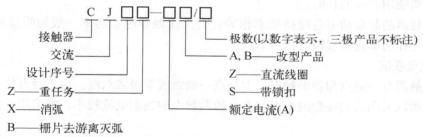

（4）了解接触器的主要技术参数

接触器的主要技术参数有额定电压、额定电流、吸引线圈的额定电压、电气寿命、机械寿命和额定操作频率。

接触器铭牌上的额定电压是指主触点的额定电压，交流有 127 V、220 V、380 V、500 V 等档次；直流有 110 V、220 V、440 V 等档次。

接触器铭牌上的额定电流是指主触点的额定电流，有 5 A、10 A、20 A、40 A、63 A（60 A）、100 A、150 A、250 A、400 A 和 630 A（600 A）等档次。

接触器吸引线圈的额定电压，交流有 36 V、110 V、127 V、220 V、380 V 等档次；直流有 24 V、48 V、220 V、440 V 等档次。

接触器的电气寿命用其在不同使用条件下不需要修理或更换零件的负载操作次数来表示。接触器的机械寿命用其在需要正常维修或更换机械零件前，包括更换触点，所能承受的无载操作循环次数来表示。

额定操作频率是指接触器的每小时操作次数。

2. 直流接触器的认识

直流接触器主要用于远距离接通和分断直流电路以及频繁地起动、停止、反转和反接制动直流电动机，也用于频繁地接通和断开起重电磁铁、电磁阀、离合器的电磁线圈等。直流接触器有立体布置和平面布置两种结构，有的产品是在交流接触器的基础上派生的。因此，直流接触器的结构和工作原理与交流接触器的基本相同，主要由电磁机构、触点系统和灭弧装置三大部分组成。

（1）电磁机构

直流接触器电磁机构由铁心、线圈和衔铁等组成，多采用绕棱角转动的拍合式结构。由于线圈中通的是直流电，正常工作时，铁心中不会产生涡流，铁心不发热，没有铁损耗，因此铁心可用整块铸铁或铸钢制成。直流接触器线圈匝数较多，为了使线圈散热良好，通常将线圈绕制成长而薄的圆筒状。由于铁心中磁通恒定，因此铁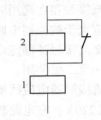心极面上也不需要短路环。为了保证衔铁可靠地释放，常需在铁心与衔铁之间垫有非磁性垫片，以减小剩磁的影响。250 A 以上的直流接触器往往采用串联双绕组线圈，如图 1-24 所示。图中，线圈 1 为起动线圈，线圈 2 为保持线圈，接触器的一个常闭触点与保持线圈并联。在电路刚接通瞬间，线圈 2 被常闭触点短路，可使线圈 1 获得较大的电流和吸力。当接触器动作后，常闭触点断开，线圈 1 和线圈 2 串联通电，由于电压不变，因此电流较小，但仍可保持衔铁的被吸合，达到省电和延长电磁线圈使用寿命的目的。

图 1-24　直流接触器串联双绕
组线圈接线圈
1—起动线圈　2—保持线圈

直流接触器的起动功率与吸持功率相等；交流接触器起动功率一般为吸持功率的 5～8倍。线圈的工作功率是指吸持有功功率。

（2）触点系统

直流接触器有主触点和辅助触点。主触点一般做成单极或双极，由于触点接通或断开的电流较大，所以采用滚动接触的指形触点。辅助触点的通断电流较小，常采用点接触的双断点桥式触点。

（3）灭弧装置

由于直流电弧不像交流电弧有自然过零点，直流接触器的主触点在分断较大电流（直流电路）时，灭弧更困难，往往会产生强烈的电弧，容易烧伤触点和延时断电。为了迅速灭弧，直流接触器一般采用磁吹式灭弧装置，并装有隔板及陶土灭弧罩。

直流接触器的型号常用的有 CZ18、CZ21、CZ22 和 CZ0 系列。

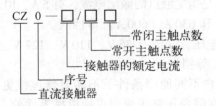

例如 CZ18-80/10 中，"CZ" 表示直流接触器，"18" 表示设计序号，"80" 表示额定电流，"1" 表示常开主触点数为 1，"0" 表示常闭主触点数为 0。

接触器用于不同负载时，对主触头的接通和分断能力的要求也不同。直流接触器常见的使用类别及典型应用如表 1-10 所示。

表 1–10　直流接触器的常见使用类别和典型用途

触点	电流种类	使用类别代号	典型用途举例
主触点	DC（直流）	DC–1	无感或微感负载，电阻炉
		DC–2	并励电动机的起动、反接制动、点动
		DC–3	串励电动机的起动、反接制动、点动
		DC–4	白炽灯的接通

【信息 2】继电器的认识

继电器是一种当输入变化到某一定值时，其触点即接通或断开的交、直流小容量控制的自动化电器。它广泛用于电力拖动、程序控制、自动调节与自动检测系统中。按动作原理分类有电压继电器、电流继电器、中间继电器、热继电器、温度继电器、速度继电器及特种继电器等。在电气自动化技术中用得最多的是中间继电器与时间继电器两种。继电器属于功能性逻辑开关元件。最大电流容量一般为 5 A。

中间继电器的作用是通过它进行中间转换，增加控制回路数或放大控制信号。其线圈电压有交流与直流两种。

时间继电器用于各种生产工艺过程或设备的自动控制中，以实现通电延时或断电延时。

按作用它们可分为保护继电器和控制继电器两类，其中热继电器、过电流继电器、欠电压继电器属于保护继电器；时间继电器、速度继电器、中间继电器属于控制继电器。

1. 热继电器的认识与使用

热继电器的用途是对电动机和其他用电设备进行过载保护。常用的热继电器有 JR0、JR2、JR16 等系列，其型号的含义如下：

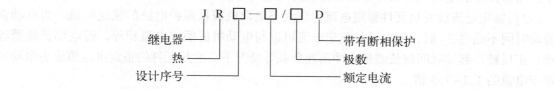

（1）热继电器的结构

热继电器的外形及结构如图 1–25 所示，它由发热元件、触点、动作机构、复位按钮和整定电流装置 5 部分组成。

发热元件由绕在双金属片外面的电阻丝组成，双金属片由两种热膨胀系数不同的金属片复合而成。使用时将电阻丝直接串联在电动机的电路上。

（2）热继电器的工作原理

当电路正常工作时，对应的负载电流流过发热元件产生的热量不足以使双金属片产生明显的弯曲变形；当设备过载时，负载电流增大，与它串联的发热元件产生的热量使双金属片产生弯曲变形，经过一段时间后，当弯曲程度达到一定幅度时，由导板推动杠杆，使热继电器的触点动作，其常闭触点断开，常开触点闭合。

热继电器的整定电流，是指热继电器长期运行而不动作的最大电流。通常只要负载电流超过整定电流 1.2 倍，热继电器就必须动作。整定电流的调整可通过旋转外壳上方的旋钮完成，旋钮上刻有整定电流标尺，作为调整时的依据。

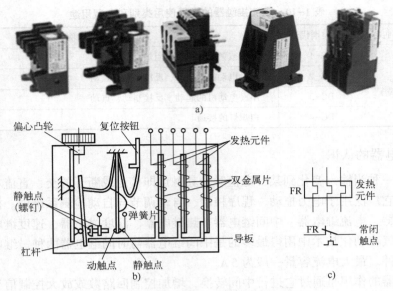

图 1-25 热继电器外形结构及电气符号图

a）热继电器外形图　b）热继电器结构图　c）热继电器电气符号

（3）热继电器的选用

应根据保护对象、使用环境等条件选择相应的热继电器类型。

1）对于一般轻载起动、长期工作或长期间断工作的电动机，可选择两相保护式热继电器，当电源平衡性较差、工作环境恶劣或很少有人看守时，可选择三相保护式热继电器，对于三角形接线的电动机应选择带断相保护的热继电器。

2）额定电流或发热元件整定电流均应大于电动机或被保护电路的额定电流。当电动机起动时间不超过 5 s 时，发热元件整定电流可以与电动机的额定电流相等。若电动机频繁起动、正反转、起动时间较长或带有冲击性负载等情况下，发热元件的整定电流值应为电动机额定电流的 1.1~1.5 倍。

注意：由于热继电器是利用电流热效应工作保护电器，具有延时特性，所以热继电器可以做过载保护但不能做短路保护；对于点动、重载起动、频繁正反转及带反接制动等运行的电动机，一般不宜采用热继电器做过载保护。

2. 时间继电器的认识与使用

时间继电器是一种利用电磁原理或机械原理来延迟触点闭合或分断的自动控制电器。它的种类很多，按其工作原理可分为电磁式、空气阻尼式、电子式、电动式；按延时方式可分通电延时和断电延时两种。

（1）时间继电器的外形结构及图形符号

如图 1-26 所示，通常时间继电器上有多组辅助触点，分为瞬动触点、延时触点。延时触点又分为通电延时触点和断电延时触点。所谓瞬动触点即是指当时间继电器的感测机构接收到外界动作信号后，该触点立即动作（与接触器一样），而通电延时触点则是指当接收输入信号（例如线圈通电）后，要经过一定时间（延时时间）后，该触点才动作。断电延时触点，则在线圈断电后要经过一定时间后，该触点才恢复。

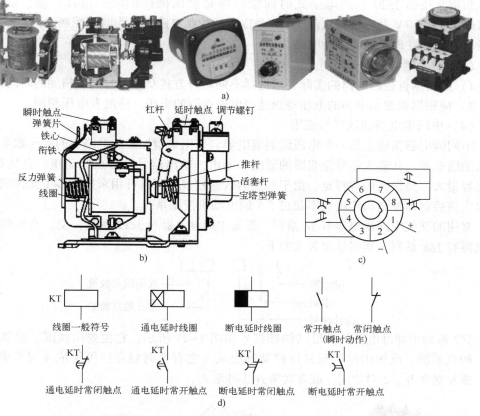

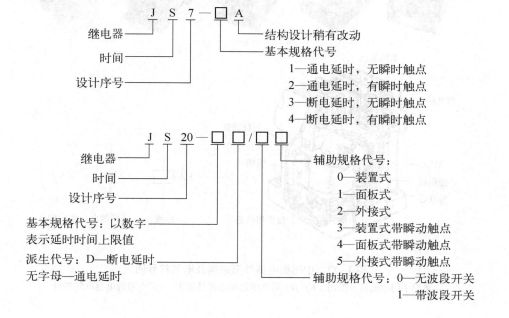

图 1-26　时间继电器外形结构及电气符号图

a）典型时间继电器外形图　b）JS7 系列时间继电器结构图　c）JS20 系列时间继电器接线图　d）时间继电器电气符号

（2）时间继电器的型号

目前常用的 JS20 系列电子式时间继电器是全国推广的统一设计产品，适用于交流 50 Hz、电压 380 V 及以下或直流 110 V 及以下的控制电路，作为时间控制元件，按预定的时间延时，周期性地接通或分断电路。

（3）时间继电器的选用

1）应根据被控制电路的实际要求选择不同延时方式及延时时间、精度的时间继电器。

2）应根据被控制电路的电压等级选择电磁线圈的电压，使两者电压相同。

（4）中间继电器的认识与使用

中间继电器实质上是一个电压线圈继电器，是用来增加控制电路中的信号数量或将信号放大的继电器。其输入信号是线圈的通电和断电，输出信号是触点的动作。它具有触点多、触点容量大、动作灵敏等特点。由于触点的数量较多，所以可用来控制多个元件或回路。也可以代替接触器控制额定电流不超过 5 A 的电动机控制系统。

常用的交流中间继电器有 JZ 系列，直流中间继电器有 JZ12 系列，交、直流两用的中间继电器有 JZ8 系列，其型号的含义如下：

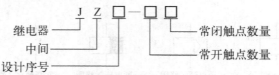

JZ7 系列中间继电器的外形结构和符号如图 1-27 所示，它主要由线圈、静铁心、动铁心、触点系统、反作用弹簧及复位弹簧等组成。它有 8 对触点，可组成 4 对常开、4 对常闭，或 6 对常开、2 对常闭，或 8 对常开 3 种形式。

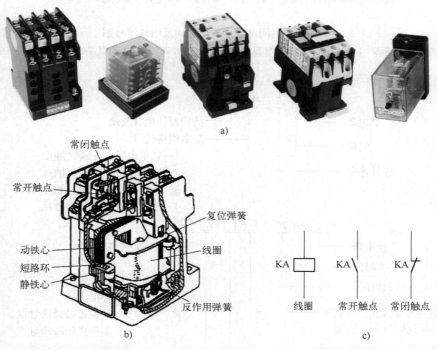

图 1-27　中间继电器外形结构及电气符号图

a）典型中间继电器外形图　b）JZ7 系列中间继电器结构图　c）中间继电器电气符号

　　中间继电器的工作原理与 CJ10-10 等小型交流接触器基本相同，只是它的触点没有主、辅之分，每对触点允许通过的电流大小相同。它的触点容量与接触器辅助触点差不多，其额定电流一般为 5 A。

　　选用中间继电器的主要依据是控制电路的电压等级，同时还要考虑所需触点数量、种类及容量是否满足控制电路的要求。

| 学习活动三 | 小组制订计划 |

　　请根据项目要求，结合小组讨论后获取的信息点，小组共同制订本项目的完成计划表，列出工作任务单，见表 1-11。

表 1-11　工作任务单

工作任务 名称	低压控制电器元件的认识、安装与检测	工作时间	4 学时
工作任务 分析	本项目的主要任务是识读分析低压控制电器元件，能够对电器元件进行安装与检测		
工作内容	1. 巩固低压控制电器元件的基本工作原理 2. 安装与检测低压控制电器		
工作任务 流程	1. 自查低压控制电器元件的基本工作原理和基本结构 2. 熟悉低压控制电器元件的图形符号和文字表示方法 3. 根据需要选择电器元件 4. 安装已选好的元器件并检测是否完好 5. 总结与反馈本次工作任务 6. 成绩考评		
工作任务 实施	元器件安装与检测记录：		
考评	按考评标准考评	见考评标准（反页）	
	考评成绩		
	教师签字	年　　月　　日	

| 学习活动四 | 教师点睛，引导解惑 |

【引导】用万用表检测低压控制电器

1. 交流接触器的检测

　　交流接触器是一种自动电磁开关，能实现远距离操作和自动控制。具有失电压和欠电压保护功能，适宜频繁地起动控制电动机。

　　检测：

　　① 检查交流接触器外观是否完整无缺，各接线端和螺钉是否完好。

　　② 用万用表欧姆档检测各触点分、合情况是否良好：用手或旋具同时按下动触点并用

力均匀（切忌将旋具用力过猛，以防触点变形或损坏器件）。

常闭触点：当用万用表表笔分别接触常闭触点的两接线端时 $R=0$，手动操作后 $R=\infty$。

常开触点：当用万用表表笔分别接触常闭触点的两接线端时 $R=\infty$，手动操作后 $R=0$。

线圈电阻测量：用万用表检测接触器线圈直流电阻是否正常（一般为 $1.5\sim2\,\mathrm{k\Omega}$）。

检查接触器线圈电压与电源电压是否相符。

交流接触器的常见故障及处理方法如表 1-12 所示。

表 1-12　交流接触器的常见故障及处理方法

故障现象	故障原因	处理方法
上铁心吸不上或吸力不足（触点闭合而铁心未完全闭合）	（1）电源电压过低 （2）操作回路电源容量不足或断线、配线错误及控制触点接触不良 （3）线圈参数及使用技术条件不符 （4）接触器受损 （5）触点弹簧压力与超程过大	（1）调整电源电压至额定值 （2）增加电源容量，更换电路，修理控制触点 （3）更换线圈 （4）更换线圈，排徐机械故障，修理受损零件 （5）按要求调整触点参数
不释放或释放缓慢	（1）触点弹簧压力过小 （2）触点熔焊 （3）机械可动部分被卡住，转轴生锈或歪斜 （4）反力弹簧损坏 （5）铁心极面有油污或灰尘 （6）E 型铁心使用寿命结束而使铁心不释放	（1）调整触点参数 （2）排除熔焊故障，修理或更换触点 （3）排除卡住现象，修理受损零件 （4）更换反力弹簧 （5）清理铁心极面 （6）更换铁心
线圈过热或烧损	（1）电源电压过高或过低 （2）线圈参数与实际使用条件不符 （3）交流操作频率过高 （4）线圈接触不良或机械损伤、绝缘损坏 （5）运动部分卡住 （6）铁心极面不平或中间气隙过大 （7）使用环境条件特殊（高湿、高温等）	（1）调整电源电压 （2）调换线圈或接触器 （3）调换合适的接触器 （4）更换线圈，排除机械、绝缘损伤的故障 （5）排除卡住故障 （6）清除铁心极面不平或更换铁心 （7）采用特殊设计的线圈
电磁噪声大	（1）电源电压过低 （2）触点弹簧压力过大 （3）磁系统歪斜或机械卡住，使铁心不能吸平 （4）极面生锈或油污、灰尘等侵入铁心极面 （5）短路环断裂 （6）铁心极面磨损过度而不平	（1）调整操作回路的电压至额定值 （2）调整触点弹簧压力 （3）排除歪斜或卡住现象 （4）清除铁心极面 （5）更换短路环 （6）更换铁心
触点熔焊	（1）操作频率过高或过载使用 （2）负载侧短路 （3）触点弹簧压力过小 （4）触点表面有金属颗粒凸起或异物 （5）操作回路电压过低或机械卡住，致使吸合过程中有停滞现象，触点停在刚接触的位置上	（1）调换合适的接触器 （2）排除短路故障，更换触点 （3）调整触点弹簧压力 （4）清理触点表面 （5）调整操作回路电压至额定值，排除机械卡住故障，使接触器吸合可靠

（续）

故障现象	故障原因	处理方法
触点过热或灼伤	（1）触点弹簧压力过小 （2）触点的超程太小 （3）触点表面不平或有油污，有金属颗粒凸起 （4）工作频率过高或电流过大，触点断开容量不够 （5）环境温度过高或使用在密闭的控制箱中	（1）调整触点弹簧压力 （2）调整触点超程或更换触点 （3）清理触点表面 （4）调换容量较大的接触器 （5）接触器降容使用
触点过度磨损	（1）接触器选择不当，容量不足，操作频率过高 （2）三相触点动作不同步 （3）负载侧短路	（1）接触器降容使用或改用适于繁重任务的接触器 （2）调至同步 （3）排除短路故障，更换触点
相间短路	（1）灰尘堆积或沾有水气、油污，使绝缘性能变坏 （2）接触器零部件损坏（如灭弧室碎裂） （3）可逆转换的接触器联锁不可靠，由误操作使两台接触器同时投入运行，造成相间短路；因接触器动作过快，转换时间短，在转换过程中发生电弧短路	（1）经常清理，保持清洁 （2）更换损坏的零部件 （3）检查电气联锁与机械联锁；在控制电路中加中间环节或调换动作时间长的接触器，延长可逆转换时间

2. 热继电器的检测

热继电器主要用来对三相异步电动机进行过载保护。

检测：

① 检查热继电器外观是否完整无缺，各接线端和螺钉是否完好。

② 用万用表检测各主触点、常闭辅助触点进端和出端接触是否良好，正常情况下 $R=0$。

热继电器的常见故障及处理方法如表 1-13 所示。

表 1-13 热继电器的常见故障及处理方法

故障现象	故障原因	处理方法
热继电器误动作	（1）整定值偏小 （2）电动机起动时间过长 （3）反复短时工作，操作频率过高 （4）强烈的冲击振动 （5）连接导线太细	（1）合理调整整定值，如额定电流不符合要求应予更换 （2）从电路上采取措施，起动过程中使热继电器短接 （3）调换合适的热继电器 （4）选用带防冲击装置的专用热继电器 （5）调换合适的连接导线
热继电器不动作	（1）整定值偏大 （2）触点接触不良 （3）发热元件烧断或脱落 （4）运动部分卡住 （5）导板脱出 （6）连接导线太粗	（1）合理调整整定值，如额定电流不符合要求应予更换 （2）清理触点表面 （3）更换热元件或补焊 （4）排除卡住现象，但用户不得随意调整，以免造成动作特性变化 （5）重新放入，推动几次看其动作是否灵活 （6）调换合适的连接导线

（续）

故 障 现 象	故 障 原 因	处 理 方 法
发热元件烧断	（1）负载侧短路，电流过大 （2）反复短时工作，操作频率过高 （3）机械故障，在起动过程中热继电器不能动作	（1）检查电路，排除短路故障及更换发热元件 （2）调换合适的热继电器 （3）排除机械故障及更换发热元件

3. 时间继电器的检测

时间继电器是用于接收电信号至触点动作需要延时的场合。

检测：

① 检查热继电器外观是否完整无缺，各接线端和螺钉是否完好。

② 用万用表检测时间继电器线圈电阻是否正常。

③ 检查时间继电器线圈电压与电源电压是否相符。

④ 用万用表欧姆档检测延时触点的闭合和断开情况，空气阻尼式时间继电器调节旋钮设置时间为3 s，对于延时闭合常开触点，当线圈吸合后过3 s左右，触点闭合电阻由无穷大变为零；对于延时断开常闭触点，当线圈吸合后过3 s左右，触点断开电阻由零变为无穷大。

时间继电器的常见故障及排除方法如表1-14所示。

表1-14　时间继电器的常见故障及处理方法

故 障 现 象	故 障 原 因	处 理 方 法
开机不工作	电源线接线不正确或断线	检查接线是否正确，可靠
延时时间到继电器不转换	（1）继电器接线有误 （2）电源电压过低 （3）触点接触不良 （4）继电器损坏	（1）检查接线 （2）调高电源电压 （3）检查触点接触是否良好 （4）更换继电器
烧坏产品	（1）电源电压过高 （2）接线错误	（1）调低电源电压 （2）检查接线

学习活动五　　　　　　　　　　　项目实施

1. 实施内容

1）交流接触器、热继电器等基本低压配电电器元件的选用。

2）按照元器件布置图安装元器件。

3）检测低压配电电器元件。

2. 工具、仪表及器材

根据电气原理图元器件明细表，如表1-15所示。

表1-15　低压控制电器元件及电动机明细表

序　号	符　号	名　称	型　号	规　格	数量	备注
1	KM	交流接触器	CJX1-32	线圈工作电压 AC 380 V	1	

（续）

序　　号	符　号	名　　称	型　　号	规　　格	数量	备　　注
2	FR	热继电器	JR36-20/3	额定电流 20 A，整定电流 12A	1	
3	XT	接线端子排	TD-3015		1	
4	M	三相交流异步电动机	Y132S-4	功率：5.5 kW；额定电压：380 V；额定电流：11.6 A；转速：1460 r/min	1	

3. 实施步骤

1）通过自查资料的方式，分析基本低压电器元件的工作原理，并讨论动作和控制过程。

2）学生按照元器件布置图自己选择元器件（名称、规格、数量），有问题可以询问老师。

3）小组讨论并根据元器件布置图进行器件安装。

4）安装完毕后小组协作尝试初步的自我测试。

5）测试认为可以后到老师那里进行总结。老师根据检测结果给小组评价打分。

6）成功后写实训报告单。

学习活动六　　　　　　　　成果展示并汇报

项目实施完毕后，请其中两个小组的组长来展示一下各自团队的成果，并请本组成员进行记录，把记录内容填到下面的表 1-16 中。

表 1-16　展示板

汇 报 人 员	安装展示图	展示内容分析

学习活动七　　　　　　　　项目评价

项目完成的小组请完成自我评价，并请前一小组成员进行评价，最后老师完成评价，并统计评价结果，把分数填到表 1-17 中。

表 1-17　项目评价表

考核项目	考核内容	考核要求	评分要点及得分（最高为该项配分值）	配分	得分 自评	得分 互评	得分 师评
职业能力	元件安装	1. 按图纸的要求，正确使用工具和仪表，熟练安装电器元件 2. 元件在配电板上布置要合理，安装要准确、紧固 3. 按钮盒不固定在控制板上	1. 元件布置不整齐、不匀称、不合理，每个扣 1 分 2. 元件安装不牢固、安装元件时漏装螺钉，每只扣 1 分 3. 损坏元器件，每只扣 2 分 4. 走线槽板布置不美观、不符合要求，每处扣 2 分	30			
职业能力	元件检测	1. 根据所给电动机容量，正确选择熔断器等元件 2. 用万用表检测电器元件，并做记录 3. 对故障元件观察并尽量维修	1. 选错元件，每个扣 1 分 2. 熟悉检测过程，检测步骤错误扣 3 分 3. 能在检测过程中正确使用万用表，根据所测数据判断元器件是否出现故障，否则每处扣 2 分	40			
职业素质	安全文明操作	1. 劳动保护用品穿戴整齐，电工工具佩带齐全 2. 安全、正确、合理使用电器元件 3. 遵守安全操作规程	1. 未做相应的职业保护措施，扣 2 分 2. 损坏元器件一次，扣 2 分 3. 引发安全事故，扣 5 分	10			
职业素质	团队协作精神	1. 尊重指导教师与同学，讲文明礼貌 2. 分工合理、能够与他人合作、交流	1. 分工不合理，承担任务少扣 5 分 2. 小组成员不与他人合作，扣 3 分 3. 不与他人交流，扣 2 分	10			
职业素质	劳动纪律	1. 遵守各项规章制度及劳动纪律 2. 训练结束要养成清理现场的习惯	1. 违反规章制度一次扣 2 分 2. 不做清洁整理工作，扣 5 分 3. 清洁整理效果差，酌情扣 2~5 分	10			
合计				100			

备注	自评学生签字：		自评成绩	
	互评学生签字：		互评成绩	
	指导老师签字：		师评成绩	
	总成绩 （自评成绩×20%+互评成绩×30%+教师评价成绩×50%）			

项目 2　车床电路的装调与故障检修

项目教学目标

知识能力：会分析典型车床（例如 CA6140 型车床）基本结构、工作过程和电气图样。

技能能力：① 能够根据 CA6140 型车床控制电路正确选择电器元件并安装。

② 会熟练地进行 CA6140 型车床电气控制电路的配盘，并自检后通电调试。

③ 在机床出现故障的情况下，会根据故障现象结合图样进行故障的诊断与排除。

社会能力：① 通过团队的合作来完成项目，培养学生的团队协作精神。

② 通过收集资料、制订工作计划来完成项目的实施，形成自主学习、尊重科学、实事求是的科学态度。

③ 在实践中培养学生核心素养，使学生更加适应社会的发展，实现纵深学习、全面发展的目标。

子项目 2.1　CA6140 车床控制电路的安装与调试

学习活动一　　　　　　　　　接受项目，明确要求

由于车床是一种应用极为广泛的金属切削机床，约占机床总数的 25%～50%。在各种车床中，应用最多的是卧式车床。某机床装配厂要装配几台 CA6140 型车床，主要用来车削外圆、内圆、端面、螺纹等工件，小王跟着车间师傅学习认识车床以及如何安装与调试车床的电气控制电路，如图 2-1 所示。

a)　　　　　　　　　　　　　　　　　b)

图 2-1　车床操作和内部接线图

a）车床操作图　b）车床内部接线

本任务是根据 CA6140 型卧式车床的工作过程和电气原理图合理选择电器元件、利用工具安装车床电气控制电路并上电调试。

<h2>学习活动二　　　　　　　　小组讨论，自主获取信息</h2>

【信息 1】 点动与正转控制电路的分析

电气设备在工作时，常常需要进行点动控制。如车刀与工件位置的调整，电动葫芦、地面操作的小型行车的电气控制等都是通过单向点动控制电路来实现的。

1. 单向点动运行控制电路

点动控制是指按下按钮 SB 时，电动机 M 通电起动运转，松开按钮 SB，电动机 M 断电、停转的控制电路。这是最简单的控制电路。电气原理图如图 2-2 所示。

（1）电路工作原理

先合上电源开关 QS。

起动：按下 SB，KM 线圈得电，KM 主触点闭合，电动机 M 起动运转（可用符号法表示，"+"表示通电或接通，"-"表示断电或断开）。

停止：松开 SB，KM 线圈失电，KM 主触点分断，电动机 M 失电停转。

（2）控制电路特点

控制电路特点是短时间控制。

2. 单向连续运行控制电路

如果用点动控制电路来实现电动机的长期连续运行，则需要一直用手按住按钮 SB，显然非常不方便，所以不能满足许多需要连续工作的状况。

电动机的长期连续运转也称为长动控制或自锁控制，实现的关键是在点动电路中增设了"自锁"环节，它是指在按下起动按钮使电动机起动运转后，松开按钮，电动机仍然能够通电连续运转。用按钮和接触器组成的单向连续控制电路原理如图 2-3 所示。

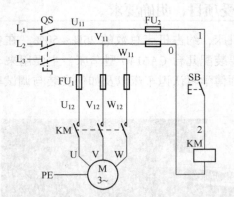 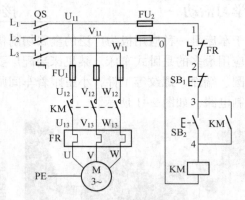

图 2-2　三相交流异步电动机单向点　　　　图 2-3　三相交流异步电动机单向
　　　　动控制电路原理图　　　　　　　　　　　　连续控制电路原理图

（1）电路工作原理

电动机起动时，合上电源开关 QS，按下按钮 SB₂，接触器 KM 线圈通电，接触器 KM 主触点闭合，电动机得电起动运行，接触器 KM 的辅助常开触点闭合自锁，使接触器线圈持续得电，电动机 M 实现连续运转。

电动机需停转时，按下停止按钮 SB₁，KM 线圈断电，KM 的主触点、辅助常开触点断开复位，切断电动机主电路及控制电路，电动机 M 失电停止运行。

（2）电路说明

自锁：

1）当松开起动按钮 SB₁ 后，KM 通过自身常开辅助触点而使线圈保持得电的作用，叫作自锁。

2）与起动按钮 SB₁ 并联起自锁作用的常开辅助触点叫自锁触点。

过载保护：

起过载保护的是热继电器 FR。当过载时，热继电器的发热元件发热，将其常闭触点断开，使接触器 KM 线圈断电，串联在电动机回路中的 KM 的主触点断开，电动机停转。同时 KM 辅助触点也断开，解除自锁。故障排除后若要重新起动，需按下 FR 的复位按钮，使 FR 的常闭触点复位（闭合）即可。

3. 点动与连续混合控制电路

在实际生产过程中，电动机控制电路往往是既需要能实现点动控制也需要能实现连续控制。图 2-4 所示为常见的既可实现点动控制又可实现连续控制的控制电路。

电路工作原理：在图 2-4 中，点动控制与连续运转控制由手动开关 SA 进行选择，当 SA 断开时自锁电路断开，成为点动控制，工作原理与前述的点动控制电路工作原理相同。当 SA 闭合时，由于自锁电路接入成为连续控制，工作原理与前述的连续控制电路工作原理相同。

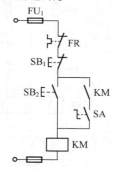

图 2-4　三相交流异步电动机点动与连续控制电路原理图

【信息 2】顺序起动控制电路的分析

在装有多台电动机的生产机械上，各电动机的作用是不相同的，有时需要顺序起动，才能保证操作过程的合理性和工作的安全可靠。控制电动机顺序动作的控制方式叫顺序控制。

在机床控制电路中，经常要求电动机有顺序的起动，如 CA6140 型车床主轴必须在液压泵工作后才能工作。而铣床的主轴旋转后，工作台方可移动等。

常用的顺序控制电路有两种，一种是主电路的顺序控制，一种是顺序电路的控制。

主电路实现顺序起动的电路如图 2-5 所示。图中电动机 M₁、M₂ 分别由接触器 KM₁、KM₂ 控制，但电动机 M₂ 的主电路接在接触器 KM₁ 主触点的下方，这样就保证了起动时必须先起动 M₁ 电动机，只有当接触器 KM₁ 主触点闭合，M₁ 起动后才可起动 M₂ 电动机，实现了 M₁ 先起动 M₂ 后起动的控制。

顺序起动也可在控制电路实现，图 2-6 为两台电动机顺序控制电路图。合上主电路与控制电路电源开关，按下起动按钮 SB₂，KM₁ 线圈通电并自锁，电动机 M₁ 起动旋转，同时串在 KM₂ 线圈电路中的 KM₁ 常开辅助触点也闭合，此时再按下按钮 SB₃，KM₂ 线圈通电并自锁，电动机 M₂ 起动旋转，如果先按下 SB₃ 按钮，因 KM₁ 常开辅助触点断开，电动机 M₂ 不可能先起动，达到按顺序起动 M₁、M₂ 的目的。

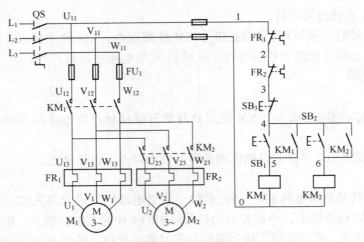

图 2-5　三相异步电动机顺序起动控制电路

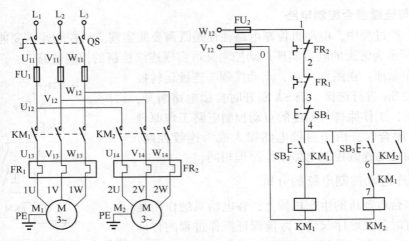

图 2-6　三相交流异步电动机顺序控制电路电气原理图

停止时，按下停止按钮 SB₁，KM₁ 与 KM₂ 的线圈同时断电，各触点复位，电动机 M₁ 与 M₂ 同时停止。

热继电器 FR₁ 对电动机 M₁ 实现过载保护，FR₂ 对电动机 M₂ 实现过载保护。由于 FR₁ 与 FR₂ 的常闭触点串联接在控制电路中，所以，当有任何一台电动机过载时，其常闭触点断开，切断控制电路电源，整个电路断电，两台电动机同时停止运行。下面再来继续分析其他顺序控制电路的工作原理。

1. 第一种顺序控制

有两台电动机 M₁、M₂，要求 M₁ 起动后，M₂ 才能起动；M₁ 停止后，M₂ 立即停止，M₁ 运行时，M₂ 可以单独停止。当电动机 M₂ 发生过载时，只有 M₂ 停止运行；当电动机 M₁ 发生过载时，M₁ 与 M₂ 同时停止运行。其控制电路如图 2-7 所示。

电路说明：

在图 2-7 中，接触器 KM₁ 控制电动机 M₁，接触器 KM₂ 控制电动机 M₂。KM₁ 的常开辅助触点 KM₁(7-8) 串入 KM₂ 的线圈回路，这样就保证了在起动时，只有在电动机 M₁ 起动

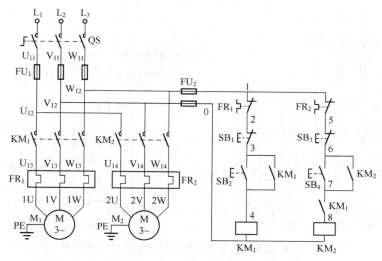

图 2-7　三相交流异步电动机顺序控制电路电气原理图（1）

后，即 KM_1 吸合，其常开辅助触点 $KM_1(7-8)$ 闭合后，按下 SB_3 才能使 KM_2 的线圈通电动作，其主触点才能起动电动机 M_2。实现了电动机 M_1 起动后，M_2 才能起动。

停止时，按下电动机 M_1 的停止按钮 SB_1，KM_1 线圈断电，其主触点断开，电动机 M_1 停止，同时 KM_1 的常开辅助触点 $KM_1(3-4)$ 断开，切断自锁回路，KM_1 的常开辅助触点 $KM_1(7-8)$ 断开，使 KM_2 线圈断电释放，其主触点断开，电动机 M_2 断电，实现了当电动机 M_1 停止时，电动机 M_2 立即停止。

当电动机 M_1 运行时，按下电动机 M_2 的停止按钮 SB_3，KM_2 线圈断电，各触点复位，电动机 M_2 单独停止。

热继电器 FR_1 对电动机 M_1 实现过载保护，FR_2 对电动机 M_2 实现过载保护。FR_1 的常闭触点串接在 KM_1 的线圈回路；FR_2 的常闭触点串接在 KM_2 的线圈回路。当电动机 M_1 过载时，FR_1 常闭触点断开，切断 KM_1 线圈的通电回路，KM_1 与 KM_2 同时断电，电动机 M_1 与 M_2 同时停止运转。当电动机 M_2 发生过载时，FR_2 的常闭触点断开，切断 KM_2 线圈的通电回路，电动机 M_2 停车，电动机 M_1 则继续运转工作。

2. 第二种顺序控制

有两台电动机 M_1、M_2，要求 M_1 起动后，M_2 才能起动，M_1、M_2 可以分别单独停止。当电动机 M_1 发生过载时，只有 M_1 停止运行；当电动机 M_2 发生过载时，只有 M_2 停止运行。其控制电路如图 2-8 所示。

电路说明：

在图 2-8 中，接触器 KM_1 控制电动机 M_1，接触器 KM_2 控制电动机 M_2。KM_1 的常开辅助触点 $KM_1(7-8)$ 串入 KM_2 的线圈回路，这样就保证了在起动时，只有在电动机 M_1 起动后，即 KM_1 吸合，其常开辅助触点 $KM_1(7-8)$ 闭合后，按下 KM_2 的起动按钮 SB_4 才能使 KM_2 的线圈通电动作，其主触点才能起动电动机 M_2。实现了电动机 M_1 起动后，M_2 才能起动。当 KM_2 线圈得电后，KM_2 自锁的回路将 KM_1 的常开辅助触点 $KM_1(7-8)$ 与按钮 SB_4 一并短接，这样当 KM_2 通电后，其自锁触点 $KM_2(6-8)$ 闭合，$KM_1(7-8)$ 则失去了作用。

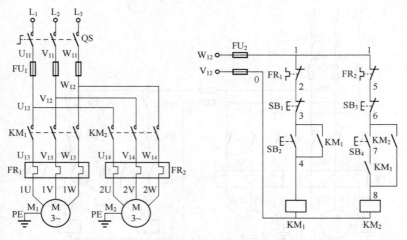

图 2-8　三相交流异步电动机顺序控制电路电气原理图（2）

停止时，按下电动机 M_1 的停止按钮 SB_1，KM_1 线圈断电，其主触点断开，电动机 M_1 停止，同时 KM_1 的常开辅助触点 $KM_1(3-4)$ 断开，切断自锁回路，KM_1 的常开辅助触点 KM_1（7-8）断开，但是 KM_2 线圈在其自身的自锁触点 $KM_2(6-8)$ 的作用下，继续保持通电。只有按下停止按钮 SB_3，才能使 KM_2 线圈断电，其主触点断开，电动机 M_2 停止运行。即停止按钮 SB_1 与 SB_2 分别单独控制电动机 M_1 与 M_2 的停车。

热继电器 FR_1 对电动机 M_1 实现过载保护，FR_2 对电动机 M_2 实现过载保护。FR_1 的常闭触点串接在 KM_1 的线圈回路；FR_2 的常闭触点串接在 KM_2 的线圈回路。当电动机 M_1 过载时，FR_1 常闭触点断开，切断 KM_1 线圈的通电回路，KM_1 断电，电动机 M_1 停止运转，电动机 M_2 则继续运转工作。当电动机 M_2 发生过载时，FR_2 的常闭触点断开，切断 KM_2 线圈的通电回路，电动机 M_2 停车，电动机 M_1 则继续运转工作。

3. 第三种顺序控制

有两台电动机 M_1、M_2，要求 M_1 起动后，M_2 才能起动，M_2 停止后 M_1 才能停止；过载时两台电动机同时停止。其控制电路如图 2-9 所示。

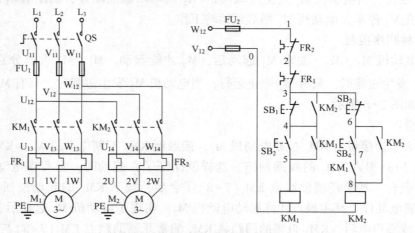

图 2-9　三相交流异步电动机顺序控制电路电气原理图（3）

电路说明：

在图 2-9 中，接触器 KM_1 控制电动机 M_1，接触器 KM_2 控制电动机 M_2。KM_1 的常开辅助触点 KM_1(7-8)串入 KM_2 的线圈回路，这样就保证了在起动时，只有在电动机 M_1 起动后，即 KM_1 吸合，其常开辅助触点 KM_1(7-8)闭合后，按下 KM_2 的起动按钮 SB_4 才能使 KM_2 的线圈通电动作，其主触点才能起动电动机 M_2。实现了电动机 M_1 起动后，M_2 才能起动。当 KM_2 线圈得电后，KM_2 自锁的回路将 KM_1 的常开辅助触点 KM_1(7-8)与按钮 SB_4 一并短接，这样当 KM_2 通电后，其自锁触点 KM_2(6-8)闭合，KM_1(7-8)则失去了作用。

停止时，如果直接按下停止按钮 SB_1，则 KM_1 无法断电，这是因为在 KM_2 线圈得电之后，与电动机 M_1 的停止按钮 SB_1 并联的辅助常开触点 KM_2(3-4)闭合，保证了当 KM_2 线圈通电时，停止按钮 SB_1 不能够让 KM_1 的线圈断电。只有按下停止按钮 SB_3，，使 KM_2 线圈断电，电动机 M_2 停止运转后，再按下停止按钮 SB_1，电动机 M_1 才能够停车。即实现了 M_2 停止后，M_1 才能停止的控制要求。

热继电器 FR_1 对电动机 M_1 实现过载保护，FR_2 对电动机 M_2 实现过载保护。由于 FR_1 与 FR_2 的常闭触点串联接在控制电路中，所以，当有任何一台电动机过载时，其常闭触点断开，切断控制电路电源，整个电路断电，两台电动机同时停止运行。

这种控制线路通常称之为顺起逆停控制电路，即电动机顺序起动，逆序停止。

4. 第四种顺序控制

按时间顺序控制电动机的顺序起动。有两台电动机 M_1、M_2，要求 M_1 起动后，经过 5s 后 M_2 自行起动，M_1、M_2 同时停止。过载时两台电动机分别停止。其控制电路如图 2-10 所示。

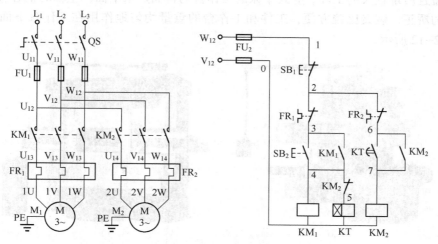

图 2-10　三相交流异步电动机顺序控制电路电气原理图（4）

电路说明：

在图 2-10 中，接触器 KM_1 控制电动机 M_1，接触器 KM_2 控制电动机 M_2；通电延时型时间继电器 KT 控制 KM_2 起动的延时时间，其延时时间设置为 5s。

起动时，按下 M_1 的起动按钮 SB_2，接触器 KM_1 的线圈通电并自锁，其主触点闭合，电

动机 M_1 起动，同时时间继电器 KT 线圈通电，开始延时。经过 5s 的延时时间后，时间继电器 KT 的延时闭合常开触点 KT(6-7)闭合，使接触器 KM_2 的线圈通电，其主触点闭合，电动机 M_2 起动，其常开辅助触点 KM_2(6-7)闭合自锁，同时其常闭辅助触点 KM_2(4-5)断开，时间继电器的线圈断电，退出运行。

停止时，按下停止按钮 SB_1，KM_1 与 KM_2 的线圈同时断电，各触点复位，电动机 M_1 与 M_2 同时停止。

热继电器 FR_1 对电动机 M_1 实现过载保护，FR_2 对电动机 M_2 实现过载保护。FR_1 的常闭触点串接在 KM_1 的线圈回路；FR_2 的常闭触点串接在 KM_2 的线圈回路。当电动机 M_1 过载时，FR_1 常闭触点断开，切断 KM_1 线圈的通电回路，KM_1 断电，电动机 M_1 停止运转，电动机 M_2 则继续运转工作。当电动机 M_2 发生过载时，FR_2 的常闭触点断开，切断 KM_2 线圈的通电回路，电动机 M_2 停车，电动机 M_1 则继续运转工作。

【信息 3】 车床概况

卧式车床是机械加工中广泛使用的一种机床，能够车削外圆、内圆、端面、螺纹、螺杆以及车削定型表面等，加工的尺寸公差等级为 IT11～IT6，表面粗糙度 Ra 值为 12.5～0.8 μm，加工后的零件如图 2-11 所示。

车床的种类很多，包括立式车床、落地车床、转塔车床、卧式车床、单轴和多轴自动和半自动车床等。

图 2-11　加工后的零件

1. 立式车床

立式车床有单柱式和双柱式两种，一般用于加工直径大，长度短且质量较大的工件。立式车床的工作台的台面是水平面，主轴的轴心线垂直于台面，工件的矫正、装夹比较方便，工件和工作台的重量均匀地作用在工作台下面的圆导轨上，如图 2-12 所示。

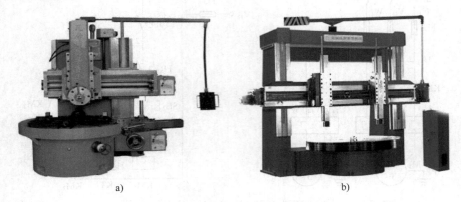

a)　　　　　　　　　　　　　　　　b)

图 2-12　立式车床

a) 单柱式立式车床　b) 双柱式立式车床

2. 落地车床

落地车床为主轴箱与进给箱连体结构，如图 2-13 所示，适用于加工直径大、长度短的工件，可用高速钢或硬质合金刀具对钢件、铸铁件及轻合金件进行加工，可完成外圆、内孔、端面、锥面、切槽、切断等粗、精车削加工。在结构特点上，落地车床类似于国标 C60 系列车床，而落地车床具有其先天不足——对重量较大工件无能为力。

图 2-13　落地车床

3. 转塔车床

转塔车床具有回转轴线与主轴轴线垂直的转塔刀架，并可顺序转位切削工件的车床，如图 2-14 所示，没有丝杠和尾座，而在尾座装一个可纵向移动的转塔刀架，其上可装多把刀，工作中周期性转位，顺序的对工件加工。此类车床适用成批加工形状复杂的盘套类零件。

图 2-14　转塔车床

4. 卧式车床

卧式车床通用性较大，如图 2-15 所示，具有结构简单，操作方便，主轴孔径大，占地面积小等优点，适用于机器、仪表工业作为加工小型机械零件和修理之用。通常由一台主电动机拖动，经由机械传动链，实现切削主运动和刀具进给运动的输出，其运动速度由变速齿轮箱通过手柄操作进行切换刀具的快速移动、冷却泵和液压泵等，常采用单独电动机驱动。

不同型号的卧式车床，其主电动机的工作要求不同，因而由不同的控制电路构成，但是由于卧式车床运动变速是由机械系统完成的，且机床运动形式比较简单，相应的控制电路也比较简单。

图 2-15　卧式车床

学习活动三　　　　　　　　　　　　　**小组制订计划**

　　请根据项目要求，结合小组讨论后获取的信息点，小组共同制订本项目的完成计划表，列出工作任务单，见表 2-1。

表 2-1　工作任务单

工作任务 名称	CA6140 型卧式车床电气控制电路的安装与调试		工作时间	10 学时
工作任务 分析	CA6140 型车床是一种应用极为广泛的金属切削通用机床，能够车削外圆、内圆、端面、螺纹、螺杆、定型表面以及切断、割槽等，并可以装上钻头或铰刀进行钻孔和铰孔等加工 本项目的主要任务是识读分析 CA6140 电气控制原理图，能够对 CA6140 卧式车床的控制电路进行安装、调试与维修			
工作内容	1. 根据电气原理图分析电路工作过程 2. 安装与调试 CA6140 型卧式车床电气控制线路			
工作任务 流程	1. 学习 CA6140 卧式车床的基本结构 2. 学习电气控制线路图的识读、绘制方法 3. 分析 CA6140 的主要运动形式及电力控制要求 4. 根据电气原理图分析主电路工作过程 5. 根据电气原理图分析控制电路工作过程 6. 根据电气原理图分析辅助电路工作过程 7. CA6140 型卧式车床电气控制电路的安装 8. CA6140 型卧式车床电气控制电路的调试 9. 总结与反馈本次工作任务 10. 成绩考评			
工作任务 实施	1. CA6140 卧式车床主电路的工作原理			
	2. CA6140 卧式车床控制电路的工作原理			

（续）

工作任务 实施	3. CA6140 卧式车床辅助电路的工作原理	
	4. CA6140 卧式车床控制电路的安装	
考评	按考评标准考评	见考评标准（反页）
	考评成绩	
	教师签字	年 月 日

学习活动四　　　　　教师点睛，引导解惑

【引导 1】 CA6140 型车床的主要结构及运动形式

1. 车床的主要结构

CA6140 型车床为我国自行设计制造的普通车床，它与 C620-1 型车床比较，具有性能优越、结构先进、操作方便和外形美观等优点。其主要由床身、主轴箱、进给箱、溜板箱、刀架、丝杠、光杠、尾架等部分组成，如图 2-16 所示。

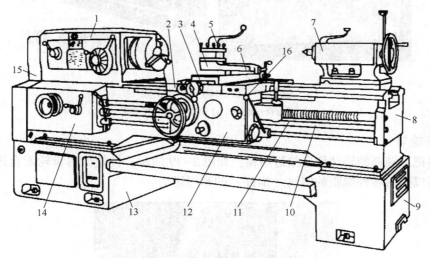

图 2-16　CA6140 型车床结构图

1—主轴箱　2—纵溜板　3—横溜板　4—转盘　5—方刀架　6—小溜板　7—尾座　8—床身　9—右床座
10—光杠　11—丝杠　12—溜板箱　13—左床座　14—进给箱　15—挂轮架　16—操纵手柄

（1）床身

车身是精度要求很高的带有导轨的大型基础部件，用于支撑和连接车床的各个部位，并保证各部件在工作时有准确的相对位置。

（2）主轴箱

主轴箱支撑并传动主轴，带动工件做旋转主运动，箱内有齿轮、轴等组成变速传动机构，如图 2-17 所示。变换箱外手柄位置，可使主轴获得多种转速。

a)　　　　　　　　　　　　　　b)

图 2-17　CA6140 车床主轴箱

a）主轴箱外观图　b）主轴箱齿轮传动图

（3）进给箱

进给箱内装有进给运动的传动及操纵装置，如图 2-18 所示，用以改变进给量的大小、所加工螺纹的种类及导轨。

a)　　　　　　　　　　　　　　b)

图 2-18　CA6140 车床进给箱

a）进给箱外观图　b）进给箱齿轮传动图

（4）挂轮架

挂轮架把主轴箱的转动传递给进给箱，如图 2-19 所示，挂轮架内齿轮配合进给箱内变速机构，可以获得各种螺距的螺纹（蜗杆）的车削运动。

图 2-19　CA6140 车床挂轮架

（5）溜板箱

溜板箱接受光杠或丝杠传递的运动，以驱动床鞍和中、小滑板及刀架实现车刀的纵、横向进给运动，如图 2-20 所示。

（6）刀架及滑板

四方刀架装在小滑板上，而小滑板装在横滑板上，横滑板又装在纵滑板上，如图 2-21 所示。

图 2-20　CA6140 车床溜板箱

（7）尾座

尾座主要用来安装后顶尖，以支撑较长工件，也可安装钻头、铰刀等进行孔加工，如图 2-22 所示。

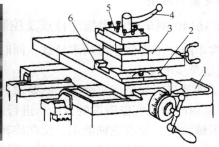

图 2-21　CA6140 车床刀架及滑板
1—纵滑板　2—横滑板　3—转盘　4—手柄　5—方刀架　6—小滑板

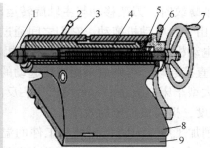

图 2-22　CA6140 车床尾座
1—顶尖　2—套筒锁紧手柄　3—顶尖套筒　4—丝杠　5—螺母　6—尾座锁紧手柄
7—手轮　8—尾座体　9—底座

（8）卡盘

卡盘是机床上用来夹紧工件的机械装置。从卡盘爪数上面可以分为两爪卡盘、三爪卡盘（自定心卡盘）、四爪卡盘、六爪卡盘和特殊卡盘，如图 2-23 所示。CA6140 型车床主要安装三爪卡盘，适用于夹持圆形、正三角形或正六边形等工件。其重复定位精度高、夹持范围大、夹紧力大、调整方便。

a)　　　　　　　　b)

图 2-23　卡盘
a）三爪卡盘　b）四爪卡盘

2. 车床的主要运动形式

1）车床的切削运动包括工件旋转的主运动和刀具的直线进给运动。

2）车削速度是指工件与刀具接触点的相对速度。根据工件的材料性质、车刀材料及几何形状、工件直径、加工方式及冷却条件的不同，要求主轴有不同的切削速度。

3）主轴变速是由主轴电动机经皮带传递到主轴变速箱来实现的。CA6140 型车床的主轴正转速度有 24 种（10 r/min～1400 r/min），反转速度有 12 种（14 r/min～1580 r/min）。

4）车床的进给运动是刀架带动刀具的直线运动（溜板箱把丝杠或光杠的转动传递给刀架部分，变换溜板箱外的手柄位置，经刀架部分使车刀做纵向或横向进给）。

5）车床的辅助运动为机床上除切削运动以外的其他一切必需的运动，如尾架的纵向移动，工件的夹紧与放松等。

【引导 2】CA6140 型车床电力拖动特点及控制要求

1）通常车削加工近似于恒功率负载，同时考虑经济性、工作可靠性等因素，主拖动电动机选用笼型异步电动机。

2）为了满足车削加工调速范围大的要求，车床主轴主要采用机械变速方法，但在较大型车床上也采用电动机变极调速的方法，进行速度分档。

3）车削螺纹时，要求主轴能正、反向旋转，对于小型车床采用控制电动机正、反转来实现，这样可大大简化机械结构。对于较大型的车床，直接控制电动机正、反转时，为了避免对电网的冲击，同时便于平滑过渡加工过程，因此很多采用了机械传动方法来实现主轴正、反转，如摩擦离合器、多片式电磁离合器等。

4）车削螺纹时，刀架移动与主轴旋转运动之间必须保持正确的比例关系，故主运动和进给运动只由一台电动机拖动，它们之间通过一系列齿轮传动来实现配合。

5）主电动机的起动与停止，当主电动机功率小于 5 kW 时且电网容量满足要求的情况下，可控制直接起动，否则应采用减压起动的控制方法。

6）较大型车床拖板是由一台可以正、反向旋转的电动机单独拖动。这样可以有效减轻工人劳动强度，提高机加工的效率。

7）车削加工中，为防止刀具和工件的温度过高，延长刀具使用寿命，提高加工质量，车床都附有一台冷却泵电动机，只需单方向旋转，且只在主轴电动机起动加工时，方可选择起动与否，主轴电动机停止时它也应停止。当加工铸件或高速切削钢件时，需要喷出冷却液，如图 2-24 所示，以保护机床与刀具，因此，冷却泵驱动电动机还应设有单独操作的控制开关。

8）必要的保护环节、联锁环节、照明和信号电路。

【引导 3】CA6140 型车床控制电路的分析

CA6140 型车床的电气控制电路，分为主电路、控制电路及照明指示电路三部分，如图 2-25 所示。

1. 主电路分析

主电路中共有 3 台电动机，图中 M_1 为主轴电动机，用以实现主轴旋转和进给运动；M_2 为冷却泵电动机；M_3 为刀架快速移动电动机。M_1、M_2、M_3 均为三相异步电动机，容量均

图 2-24　加工零件时喷出冷却液

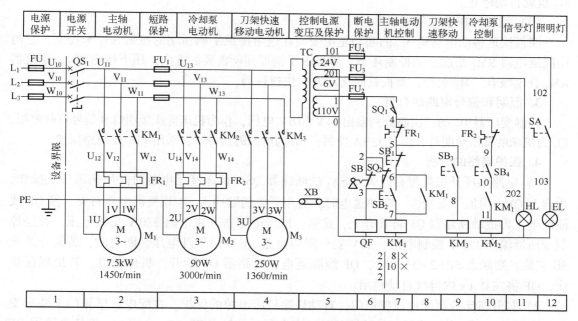

图 2-25　CA6140 型车床电气原理图

小于 10 kW，全部采用全压直接起动，皆有交流接触器控制单向旋转。

M_1 电动机由起动按钮 SB_1，停止按钮 SB_2 和接触器 KM_1 构成电动机单向连续运转控制电路。主轴的正、反转由摩擦离合器改变传动来实现。

M_2 电动机是在主轴电动机起动之后，扳动冷却泵控制开关 SB_4 来控制接触器 KM_2 的通断，实现冷却泵电动机的起动与停止。由于 SB_4 开关具有定位功能，故不需自锁。

M_3 电动机由装在溜板箱上的快速进给手柄内的快速移动按钮 SB_3 来控制 KM_3 接触器，从而实现 M_3 的点动。操作时，先将快速进给手柄扳到所需移动方向，再按下 SB_3 按钮，即实现该方向的快速移动。

三相电源通过断路器 QF 引入，FU_1 和 FU_2 作短路保护。主轴电动机 M_1 由接触器 KM_1

控制起动，热继电器 FR_1 为主轴电动机 M_1 的过载保护。冷却泵电动机 M_2 由接触器 KM_2 控制起动，热继电器 FR_2 为它的过载保护。刀架快速移动电动机 M_3 由接触器 KM_3 控制起动。

2. 控制电路分析

控制电路的电源由变压器 TC 二次侧输出 110 V 电压提供，采用 FU_3 作短路保护。

（1）主轴电动机的控制

按下起动按钮 SB_2，接触器 KM_1 的线圈获电动作，其主触点闭合，主轴电动机 M_1 起动运行。同时，KM_1 的自锁触点和另一副常开触点闭合。按下停止按钮 SB_1，主轴电动机 M_1 停车。

（2）冷却泵电动机控制

如果车削加工过程中，工艺需要使用却液时，合上开关 QS_2，在主轴电动机 M_1 运转情况下，接触器 KM_1 线圈获电吸合，其主触点闭合，冷却泵电动机获电运行。由电气原理图可知，只有当主轴电动机 M_1 起动后，冷却泵电动机 M_2 才有可能起动，当 M_1 停止运行时，M_2 也就自动停止。

（3）溜板快速移动的控制

溜板快速移动电动机 M_3 的起动是由安装在进给操纵手柄顶端的按钮 SB_3 来控制，它与中间继电器 KM_3 组成点动控制环节。将操纵手柄扳到所需要的方向，压下按钮 SB_3，继电器 KM_3 获电吸合，M_3 起动，溜板就向指定方向快速移动。

3. 照明和信号电路的分析

控制变压器 TC 的二次侧分别输出 24 V 和 6 V 电压，作为机床低压照明灯和信号灯的电源。EL 为机床的低压照明灯，由开关 SA 控制；HL 为电源的信号灯，采用 FU_4 作短路保护。

4. 保护电路的分析

1）电路电源开关是带有开关锁 SA_2 的断路器 QS。机床接通电源时需用钥匙开关操作，再合上 QF，增加了安全性。需要送电时，先用开关钥匙插入 SB 开关锁中并右旋，使 QF 线圈断电，再扳动断路器 QF 将其合上，此时，机床电源送入主电路 380 V 交流电压，并经控制变压器输出 110 V 控制电路、24 V 安全照明电路、6 V 信号灯电压。断电时，若将开关锁 SB 左旋，则触点 SB(2—3)闭合，QF 线圈通电，断路器 QF 断开，机床断电。若出现误操作，QF 将在 0.1 s 内再次自动跳闸。

2）打开机床控制配电盘壁箱门，自动切除机床电源的保护。在配电盘壁箱门上装有安全行程开关 SQ_2，当打开配电盘壁箱门时，安全开关的触点 SQ_2(2—3)闭合，将使断路器 QF 线圈通电，断路器 QF 自动跳闸，断开机床电源，以确保人身安全。

3）为满足打开机床控制配电盘壁箱门进行带电检修的需要，可将 SQ_2 安全开关传动杆拉出，使触点 SQ_2(2—3)断开，此时 QF 线圈断电，QF 开关仍可合上。当检修完毕，关上壁箱门后，将 SQ_2 开关传动杆复位，SQ_2 保护作用照常起作用。

4）机床床头皮带罩处设有安全开关 SQ_1，当打开皮带罩时，安全开关触点 SQ_1（2—4）断开，将接触器 KM_1、KM_2、KM_3 线圈电路切断，电动机将全部停止旋转，以确保了人身安全。

5）电动机 M_1、M_2 由 FU 热继电器 FR_1、FR_2 实现电动机长期过载保护；断路器 QF 实现全电路的过电流、欠电压保护及热保护；熔断器 FU_1 至 FU_4 实现各各部分电路的短路保护。

此外，还设有 EL 机床照明灯和 HL 信号灯进行刻度照明。

【引导 4】 CA6140 型车床控制电路的选件

1. 电动机的选择

M_1 主轴电动机：Y 系列电动机具有体积小、重量轻、运行可靠、结构坚固、外形美观、起动性能好、效率高等特点，达到了节能效果。而且噪声低、寿命长、经久耐用。Y 系列电动机适用于空气中不含易燃、易爆或腐蚀性气体的场所。Y132-4-B3 型号电动机功率为 7.5 kW，频率为 50 Hz，转速为 1450 r/min，功率因素 $\cos\phi$ 为 0.85，效率为 87%，堵转转矩为 2.2 N·m，最大转矩为 2.3 N·m，所以此类型电动机能符合电路配置，并能有效完成工作。

M_2 冷却泵电动机：AOB-25 机床冷却泵是一种浸渍式的三相电泵，它由封闭式三相异步电动机与单极离心泵组合而成，具有安装简单方便、运行安全可靠、过负荷能力强、效率高、噪声低等优点，适合作为各种机床输送冷却液、润滑液的动力。此电动机输出功率为 90 W，扬程为 4 m，流量为 25 L/min，出口管径为 1/2 时，能有效配合 M_1 电动机使用。

M_3 快速移动电动机：AOS5634 功率为 250 W，电压为 380 V，频率为 50 Hz，转速为 1360 r/min，E 级。

2. 控制变压器的选择

首先查看电源电压、实际用电载荷和地方条件，然后参照变压器铭牌标示的技术数据逐一选择，一般应从变压器容量、电压、电流及环境条件综合考虑，其中容量选择应根据用户用电设备的容量、性质和使用时间来确定所需的负荷量，以此来选择变压器容量。

在正常运行时，应使变压器承受的用电负荷为变压器额定容量的 75~90% 左右。运行中如实测出变压器实际承受负荷小于 50% 时，应更换小容量变压器，如大于变压器额定容量，应立即更换大变压器。同时，选择变压器应根据电路电源决定变压器的初级线圈电压值，根据用电设备选择次级线圈的电压值。最好选为低压三相四线制供电，这样可同时提供动力用电和照明用电。对于电流的选择要注意负荷在电动机起动时能满足电动机的要求（因为电动机起动电流要比下沉运行时大 4~7 倍）。

JBK2-100VA 机床控制变压器适用交流 50~60 Hz，输出额定电压不超过 220 V，输入额定电压不超过 500 V，可作为各行业的机械设备，一般电器的控制电源工作照明，信号灯的电源之用。此类控制变压器一次侧电压为 380 V，二次侧电压分别为 110 V、24 V、6 V。

3. 熔断器的选择

其类型根据使用环境、负载性质和各类熔断器的适用范围来进行选择。例如：用于照明电路或小的热负载，可选用 RCIA 系列瓷插式熔断器；在机床控制电路中，较多选用 RL1 系列螺旋式熔断器。

熔断器的额定电压必须大于或等于被保护电路的额定电压；熔断器的额定电流必须大于或等于所装熔体的额定电流。

4. 导线的选择

在安装电器配电设备中，经常遇到导线选择的问题，正确选择导线是项十分重要的工作，如果导线的截面积选小了，电器负载大易造成电器火灾的后果；如果导线的截面积选大了，造成成本高，材料浪费。

导线的载流量与导线截面有关，也与导线的材料、型号、敷设方法以及环境温度等有关，根据以下数据，主电路选择 BVR-2.5 mm² 铜芯导线，控制电路 BVR-1 mm² 铜芯导线。

铜线安全载流量（25℃）：

1 mm² 铜电源线的安全载流量——6 A。

1.5 mm² 铜电源线的安全载流量——14 A

2.5 mm² 铜电源线的安全载流量——28 A。

4 mm² 铜电源线的安全载流量——35 A。

6 mm² 铜电源线的安全载流量——48 A。

10 mm² 铜电源线的安全载流量——65 A。

16 mm² 铜电源线的安全载流量——91 A。

25 mm² 铜电源线的安全载流量——120 A。

电路中各元器件的技术数据见表 2-2。

表 2-2　电路中各元器件的技术数据

代　号	名　称	型号及规格	数　量	用　途
M_1	主轴电动机	Y132M-4-B3，7.5 kW，1450 r/min	1	主传动用
M_2	冷却泵电动机	AOB-25，90 W，2800 r/min	1	输送冷却液用
M_3	快速移动电动机	AOS5634，250 W，1360 r/min	1	溜板快速移动用
FR_1	热继电器	JR16-20/2D，15.4A	1	M_1 的过载保护
FR_2	热继电器	JR16-20/2D，0.32A	1	M_2 的过载保护
FU	熔断器	RL1-10，55×78，35A	3	总电路短路保护
FU_1，FU_2	熔断器	RL1-10，55×78，25A	6	M_2、M_3 及主电路短路保护
FU_3	熔断器	RL1-10，55×78，25A	2	变压器短路保护
FU_4	熔断器	RL1-15，5A	1	照明电路保护
FU_5	熔断器	RL1-15，5A	1	指示灯电路保护
FU_6	熔断器	RL1-15，5A	1	控制电路保护
KM	交流接触器	CJ20-20，线圈电压 110 V	3	控制 M_1
KA_1	中间继电器	JZ7-44，线圈电压 110 V	1	控制 M_2
KA_2	中间继电器	JZ7-44，线圈电压 111 V	1	控制 M_3
SB_1	按钮	LAY3-01ZS/1	1	停止 M_1
SB_2	按钮	LAY3-10/3.11	1	起动 M_1
SB_3	按钮	LA9	1	起动 M_3
SB_4	按钮	LAY3-10X/2	1	控制 M_2
SQ_1，SQ_2	位置开关	JWM6-11	2	断电保护
HL	信号灯	ZSD-0.6 V	1	照明
QS	断路器	AM2-40，20 A	1	电源引入
TC	控制变压器	JBK2-100，380 V/110 V/24 V/6 V	1	

学习活动五	项目实施

1. 实施内容

1）对 CA6140 型车床控制电路所用的元器件进行分辨和检测。

2）根据电气原理图找出每个元器件在电路板上的位置，并画出安装配线工艺图。

3）按照工艺要求连接控制电路。

2. 工具、仪表及器材

1）工具：测电笔、螺钉旋具、尖嘴钳、斜口钳、剥线钳、电工刀等电工常用工具。

2）仪表：绝缘电阻表、钳形电流表、万用表。

3）元器件：交流电动机、熔断器、断路器、交流接触器、按钮、端子板、紧固体和编码套管、导线等。

3. 实施步骤

1）按表配齐所用的电器元件，并检查元器件质量。

2）根据电路图分析布置图，然后在控制板上合理布置和牢固安装各电器元件，并贴上醒目的文字符号。

3）在控制板上根据电路图进行正确布线和套编码套管。

4）安装交流电动机。

5）连接控制板外部的导线。

6）自检。

7）检查无误后通电试车。认真分析电路的控制要求及特点。

4. 调试训练

1）自检。调试之前用工具对控制电路和主电路先进行初步自我检查。

2）教师示范调试。教师进行示范调试时，可把下述检查步骤及要求贯穿其中，直至调试成功。如果第一次没有调试成功，可以用试验法来观察现象→用逻辑分析法缩小故障范围，并在电路图上用虚线标出可能出现问题部位的最小范围→用测量法正确迅速地找出问题点→修复→再通电试车。

3）学生调试训练。教师示范调试后，再由各组长带领小组成员进行调试训练。在学生调试的过程中，教师要巡回进行启发性的指导。

5. 安装注意事项

1）通电试车前要认真检查接线是否正确、牢靠；各电器动作是否正常，有无卡阻现象。

2）若遇异常情况，应立即断开电源停车检查。若带电检查，必须有指导教师在现场监护。

3）训练应在规定的定额时间内完成，同时要做到安全操作和文明生产。

6. 调试注意事项

1）要认真听取和仔细观察指导教师在示范过程中的讲解和调试操作。

2）要熟练掌握电路图中各个环节的作用。

3）调试过程的分析、排除问题的思路和方法要正确。

4）工具和仪表使用要正确。

5) 不能随意更改电路和带电触摸电器元件。

6) 带电时，必须有教师在现场监护，并要确保用电安全。

7) 调试必须在规定的时间内完成。

学习活动六　　　　　　　成果展示并汇报

项目实施完毕后，请其中两个小组的组长来展示一下各自团队的成果，并请本组成员进行记录，把记录内容填到下面的表2-3中。

表2-3　展示板

汇报人员	线路展示图	展示内容分析

学习活动七　　　　　　　项目评价

本项任务的评价标准如表2-4所示。任务评价由学生自评、小组互评与教师评价相结合，其中学生自评占总成绩的20%、小组互评占总成绩的30%、教师评价占总成绩的50%。

表2-4　评价标准

考核项目	考核内容	考核要求	评分要点及得分（最高为该项配分值）	配分	得分 自评	得分 互评	得分 师评
职业能力	电路设计	1. 理解电气控制系统的控制特点与实现方法，能够根据提出的电气控制要求，正确绘出继电器-接触器电气控制系统原理图 2. 各电器元件的图形符号及文字符号要求按照国标符号绘制。 3. 能够根据电气原理图列出主要元器件明细表	1. 主电路设计1处错误扣5分 2. 控制电路设计1处错误扣5分 3. 图形符号画法有误，每处扣1分 4. 元器件明细表有误，每处扣2分	30			
	元器件安装	1. 按图样的要求，正确使用工具和仪表，熟练安装电器元件 2. 元器件在配电板上布置要合理，安装要准确、紧固 3. 按钮盒不固定在控制板上	1. 元器件布置不整齐、不匀称、不合理，每个扣1分 2. 元器件安装不牢固、安装元器件时漏装螺钉，每只扣1分 3. 损坏元器件，每只扣2分 4. 走线槽板布置不美观、不符合要求，每处扣2分	10			

（续）

考核项目	考核内容	考核要求	评分要点及得分 （最高为该项配分值）	配分	得分		
					自评	互评	师评
职业能力	电路安装	1. 电路安装要求美观、紧固、无毛刺，导线要进行线槽 2. 电源和电动机配线、按钮接线要接到端子排上，进出线槽的导线要有端子标号	1. 接线要符合安全性、规范性、正确性、美观性，接线不进行线槽，不美观，有交叉线，每处扣 1 分；接点松动、露铜过长、反圈、压绝缘层，标记线号不清楚、遗漏或误标，每处扣 1 分 2. 损伤导线绝缘或线芯，每根扣 1 分 3. 导线颜色、按钮颜色使用错误，每处扣 2 分	30			
	通电模拟调试	1. 根据所给电动机容量，正确选择熔断器熔体；正确整定热继电器的整定电流值 2. 在保证人身和设备安全的前提下，通电模拟调试成功，电气控制电路符合控制要求 3. 观察电路工作现象并判断正确与否	1. 主、控电路配错熔体，每个扣 1 分；热继电器整定电流值错误，每处扣 2 分 2. 熟悉调试过程，调试步骤一处错误扣 3 分 3. 能在调试过程中正确使用万用表，根据所测数据判断电路是否出现故障，否则每处扣 2 分 4. 一次试车不成功扣 5 分； 　　二次试车不成功扣 10 分； 　　三次试车不成功扣 15 分	15			
职业素质	安全文明操作	1. 劳动保护用品穿戴整齐，电工工具佩带齐全 2. 安全、正确、合理使用电器元件 3. 遵守安全操作规程	1. 未做相应的职业保护措施，扣 2 分 2. 损坏元器件一次，扣 2 分 3. 引发安全事故，扣 5 分	5			
	团队协作精神	1. 尊重指导教师与同学，讲文明礼貌 2. 分工合理、能够与他人合作、交流	1. 分工不合理，承担任务少，扣 5 分 2. 小组成员不与他人合作，扣 3 分 3. 不与他人交流，扣 2 分	5			
	劳动纪律	1. 遵守各项规章制度及劳动纪律 2. 训练结束要养成清理现场的习惯	1. 违反规章制度一次，扣 2 分 2. 不做清洁整理工作，扣 5 分 3. 清洁整理效果差，酌情扣 2～5 分	5			
合计				100			

备注	自评学生签字：		自评成绩	
	互评学生签字：		互评成绩	
	指导老师签字：		师评成绩	
	总成绩 （自评成绩×20%＋互评成绩×30%＋教师评价成绩×50%）			

子项目 2.2　CA6140 型车床控制电路的故障分析及检修

　　小王跟着车间师傅学习如何使用车床的过程中，突然机床的照明灯不亮了，并且刀架不能快速移动了，这可急坏了小王，眼看加工工作不能完成了，那么车床的故障该如何分析、检修并排除呢?

　　本项目是根据 CA6140 型卧式车床的故障现象和电气图样，利用仪表工具检测电路并分析控制电路中故障点的具体位置，并修复电路，如图 2-26 所示。

图 2-26　学生排除故障图

【信息 1】故障检修的方法

1. 修理前的调查研究

（1）问

　　询问机床操作人员，故障发生前后的情况如何，有利于根据电气设备的工作原理来判断发生故障的部位，分析出故障的原因。

（2）看

　　观察熔断器内的熔体是否熔断；其他电气元器件有无烧毁、发热、断线；导线连接螺钉是否松动；触点是否氧化、积尘等。要特别注意高电压、大电流的地方，活动机会多的部位，容易受潮的接插件等。

（3）听

　　电动机、变压器、接触器等，正常运行的声音和发生故障时的声音是有区别的，听声音是否正常，可以帮助寻找故障的范围、部位。

（4）摸

电动机、电磁线圈、变压器等发生故障时，温度会显著上升，可切断电源后用手去触摸判断元器件是否正常。

注意：不论电路通电还是断电，要特别注意不能用手直接去触摸金属触点！必须借助仪表来测量。

2. 从机床电气原理图进行分析

首先熟悉机床的电气控制电路，结合故障现象，对电路工作原理进行分析，便可以迅速判断出故障发生的可能范围。

3. 检查方法

根据故障现象分析，先弄清属于主电路的故障还是控制电路的故障，属于电动机的故障还是控制设备的故障。当故障确认以后，应该进一步检查电动机或控制设备。必要时可采用替代法，即用好的电动机或用电设备来替代。属于控制电路的，应该先进行一般的外观检查，检查控制电路的相关电器元件。如接触器、继电器、熔断器等有无硬裂、烧痕、接线脱落，熔体是否熔断等，同时用万用表检查线圈有无断线、烧毁，触点是否熔焊。

外观检查找不到故障时，将电动机从电路中卸下，对控制电路逐步检查，可以进行通电吸合试验，观察机床电气各电器元件是否按要求顺序动作，发现哪部分动作有问题，就在哪部分找故障点，逐步缩小故障范围，直到排除全部故障为止，决不能留下隐患。

有些电器元件的动作是由机械配合或靠液压推动的，应会同机修人员进行检查处理。

4. 不通电时的检查方法

首先，查清不动作的电动机工作电路。在不通电的情况下，以该电动机的接线盒为起点开始查找，顺着电源线找到相应的控制接触器，然后，以此接触器为核心，一路从主触点开始，继续查到三相电源，查清主电路；一路从接触器线圈的两个接线端子开始向外延伸，经过什么电器，弄清控制电路的来龙去脉。必要的时候，边查找边画出草图。若需拆卸时，要记录拆卸的顺序、电器结构等，再采取排除故障的措施。

5. 在检修机床电气故障时应注意的问题

1）检修前应将机床清理干净。

2）将机床电源断开。

3）电动机不能转动，要从电动机有无通电，控制电动机的接触器是否吸合入手，决不能立即拆修电动机。通电检查时，一定要先排除短路故障，在确认无短路故障后方可通电，否则，会造成更大的事故。

4）当需要更换熔断器的熔体时，必须选择与原熔体型号相同，不得随意扩大，以免造成意外的事故或留下更大的后患。因为熔体的熔断，说明电路存在较大的冲击电流，如短路、严重过载、电压波动很大等。

5）热继电器的动作、烧毁，也要求先查明过载原因，不然的话，故障还是会复发。并且修复后一定要按技术要求重新整定保护值，并要进行可靠性试验，以避免发生失控。

6）用万用表电阻档测量触点、导线通断时，量程置于"×1Ω"档。

7）如果要用绝缘电阻表检测电路的绝缘电阻，应断开被测支路与其他支路联系，避免影响测量结果。

8）在拆卸元器件及端子连线时，特别是对不熟悉的机床，一定要仔细观察，理清控制电路，千万不能蛮干。要及时做好记录、标号，避免在安装时发生错误，方便复原。螺钉、垫片等放在盒子里，被拆下的线头要做好绝缘包扎，以免造成人为的事故。

9）试车前先检测电路是否存在短路现象。在正常的情况下进行试车，应当注意人身及设备安全。

10）机床故障排除后，一切要恢复到原来样子。

【信息2】电阻分阶测量法检测举例

电阻法就是在电路切断电源后用仪表测量两点之间的电阻值，通过对电阻值的对比，进行电路故障检测的方法。电阻法分为电阻分阶测量法和电阻分段测量法。下面简单介绍电阻分阶测量法。

注意：测量检查时，万用表的转换开关应置于倍率适当的电阻档位上，用电阻测量法检查电路的导通情况时必须断电进行。

电阻分阶测量法测量时，将万用表的转换开关置于 R×10 档，断开控制电路电源，然后像下台阶一样依次测量电阻。

电阻分阶测量法如图 2-27 所示，按起动按钮 SB$_2$，如接触器 KM$_1$ 不吸合，说明电气回路有故障。检查时，先断开电源，按下 SB$_2$ 不放，用万用表电阻挡测量 1-0 两点电阻。如果电阻无穷大，说明电路断路。然后逐段测量 1-2、1-3、1-4、1-5、1-6 各点的电阻值。如测量某点的电阻突然增大时，说明表棒跨接的触点或连线接触不良或断路。

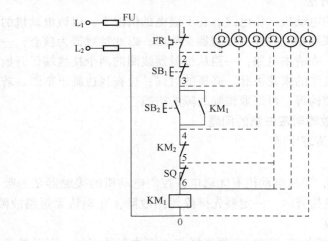

图 2-27　电阻分阶测量法

学习活动三　　　　　　　　小组制订计划

请根据项目要求，结合小组讨论后获取的信息点，小组共同制订本项目的故障排除记录单，组长作为检修负责人，分派组员为检修人员，并把检修过程填写到记录单中，见表 2-5。

表 2-5 故障排除任务单

机床故障检修记录单

检修部门		检修人员		检修人员编号	
机床场地		机床型号		检修时间	

检修内容	

机床故障分析	故障现象	分析故障点

机床故障排除	序号	检修过程记录	检修结果	检修组长意见
			□正确排除 □未正确排除	
			□正确排除 □未正确排除	

检修组长测评检修员	□能够分析典型机床电气控制电路的工作原理 □会结合电气原理图和检修工具找出机床的故障点 □可以总结常见故障及故障现象

素质评价	□安全着装　　　　　　□规范使用工具　　　　　□遵守实训纪律 □出勤情况（迟到）　　□具有团队协作精神　　　□工作态度认真

报修部门验收意见	1. 素质评价（4分） 2. 故障分析（4分） 3. 故障排除（2分） 　　　　　　　　　　　　　检修组长签字： 　　　　　　　　　　　　　报修负责人签字： 　　　　　　　　　　　　　　　年　　月　　日

学习活动四　　　　　　　　　**教师点睛，引导解惑**

【引导 1】CA6140 型车床带故障点的图样分析

以亚龙 156A 实训装置为例进行分析，CA6140 型车床带故障点电路图如图 2-28 所示。

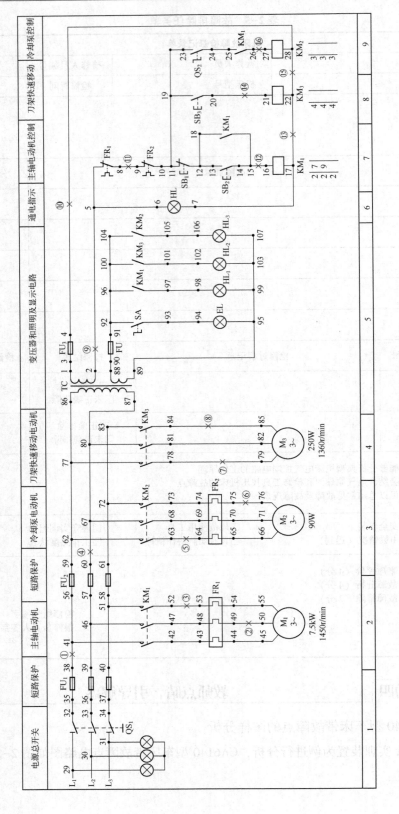

图2-28 CA6140带故障点电路图

1. 主电路分析

主电路中共有 3 台电动机；M_1 为主轴电动机，带动主轴旋转和刀架作进给运动；M_2 为冷却泵电动机；M_3 为刀架快速移动电动机。

三相交流电源通过隔离开关 QS_1 引入。主轴电动机 M_1 由接触器 KM_1 控制起动，热继电器 FR_1 为主轴电动机 M_1 的过载保护。冷却泵电动机 M_2 由接触器 KM_2 控制起动，热继电器 FR_2 为它的过载保护。刀架快速移动电动机 M_3 由接触器 KM_3 控制起动。

2. 控制电路分析

控制回路的电源由控制变压器 TC 二次侧输出 110 V 电压提供。

（1）主轴电动机的控制

按下起动按钮 SB_1，接触器 KM_1 的线圈获电动作，其主触点闭合，主轴电动机起动运行。同时，KM_1 的自锁触点和另一副常开触点闭合。按下停止按钮 SB_2，主轴电动机 M_1 停车。

（2）冷却泵电动机控制

如果车削加工过程中，工艺需要使用冷却液时，合上开关 SA_1，在主轴电动机 M_1 运转情况下，接触器 KM_1 圈获电吸合，其主触点闭合，冷却泵电动机获电而运行。由电气原理图可知，只有当主轴电动机 M_1 起动后，冷却泵电动机 M_2 才有可能起动，当 M_1 停止运行时，M_2 也自动停止。

（3）刀架快速移动电动机的控制

刀架快速移动电动机 M_3 的起动是由安装在进给操纵手柄顶端的按钮 SB_3 来控制，它与中间继电器 KM_2 组成点动控制环节。将操纵手柄扳到所需的方向，压下按钮 SB_3，继电器 KM_2 获电吸合，M_3 起动，刀架就向指定方向快速移动。

3. 照明、信号灯电路分析

控制变压器 TC 的次级分别输出 24 V 和 6 V 电压，作为机床低压照明灯和信号灯的电源。EL 为机床的低压照明灯，由开关 SA 控制；HL 为电源的信号灯。它们分别采用 FU_4 和 FU_3 作短路保护。

【引导 2】用电阻分阶测量法对 CA6140 型车床故障检修

CA6140 车床电路实训单元板故障现象如下：

1) 全部电动机均缺一相，所有控制电路失效。
2) 主轴电动机缺一相。
3) 主轴电动机缺一相。
4) M_2、M_3 电动机缺一相，控制电路失效。
5) 冷却泵电动机缺一相。
6) 冷却泵电动机缺一相。
7) 刀架快速移动电动机缺一相。
8) 刀架快速移动电动机缺一相。
9) 除照明灯外，其他控制均失效。
10) 控制电路失效。
11) 指示灯亮，其他控制均失效。

12）主轴电动机不能起动。

13）除刀架快移动控制外其他控制失效。

14）刀架快移电动机不起动，刀架快移动失效。

15）机床控制均失效。

16）主轴电动机起动，冷却泵控制失效，QS_2 不起作用。

学习活动五　　　　　　　　　　　　项目实施

1. 实施内容

1）能够根据 CA6140 车床出现的故障现象分析故障点的具体位置；

2）用工具完成 CA6140 车床主电路和控制电路若干故障的检查并恢复；

2. 工具、仪表及器材

1）工具：测电笔、螺钉旋具、尖嘴钳、斜口钳、剥线钳、电工刀等电工常用工具。

2）仪表：绝缘电阻表、钳形电流表、万用表。

3）元器件：机床故障板、计算机、紧固体和编码套管、导线等。

3. 实施步骤

1）检查模拟控制板上元器件布置及接线是否合理、正确，对于不合理的、不正确的及时纠正。

2）在通电过程中，指导学生观察各用电器在电路中的动作现象。

3）通电后，小组成员之间随机提问电路中相关电器的作用，及其电路中的相关问题。

4）在教师的指导下，对机床控制电路进行操作，了解机床的各种工作状态及操作方法。

5）在有故障的机床或人为设置自然故障点的机床上，由教师示范检修，边分析、边检修，直至找出故障点及故障排除。

6）由组长设置故障点，小组讨论并练习如何从故障现象着手进行分析，逐步引导学生如何采用正确的检查步骤和检修方法。

7）教师设置故障点，由学生检修。

学习活动六　　　　　　　　　　　成果展示并汇报

项目实施完毕后，请其中两个小组的组长来展示一下各自团队的成果，并请本组成员进行记录，把记录内容填到下面的表 2-6 中。

表 2-6　展示板

汇 报 人 员	线路展示图	展示内容分析

学习活动七	项目评价

本项任务的评价标准如表 2-7 所示。任务评价由学生自评、小组互评与教师评价相结合，其中学生自评占总成绩的 20%、小组互评占总成绩的 30%、教师评价占总成绩的 50%。

表 2-7　评价标准

考核项目	考核内容	考核要求	评分要点及得分（最高为该项配分值）	配分	得分 自评	得分 互评	得分 师评
职业能力	故障分析	1. 理解电气控制系统的控制特点与实现方法，能够根据提出的电气控制要求，正确分析电气控制系统原理图 2. 能够根据故障点位置分析故障现象	1. 标不出故障线段或错标在故障回路以外，每个故障点扣 1 分 2. 不能标出最小故障范围，每个故障点扣 1 分 3. 在实际排故分析中思路不清楚，扣 1 分	20			
	故障排除	1. 根据故障现象正确判断故障范围并逐步缩小 2. 在保证人身和设备安全的前提下，进行故障排除并记录	1. 不能排除故障点，每个扣 1 分 2. 扩大故障范围或产生新的故障后不能自行修复，每个扣 2 分；已经修复，每个故障扣 1 分 3. 损坏电动机扣 3 分 4. 排除故障的方法不正确，每个故障点扣 1 分	30			
职业素质	安全文明操作	1. 劳动保护用品穿戴整齐，电工工具佩带齐全 2. 安全、正确、合理使用电器元件 3. 遵守安全操作规程	1. 未做相应的职业保护措施，扣 2 分 2. 损坏元件一次，扣 2 分 3. 引发安全事故，扣 5 分	20			
	团队协作精神	1. 尊重指导教师与同学，讲文明礼貌 2. 分工合理、能够与他人合作、交流	1. 分工不合理，承担任务少，扣 5 分 2. 小组成员不与他人合作，扣 3 分 3. 不与他人交流，扣 2 分	15			
	劳动纪律	1. 遵守各项规章制度及劳动纪律 2. 训练结束要养成清理现场的习惯	1. 违反规章制度一次，扣 2 分 2. 不做清洁整理工作，扣 5 分 3. 清洁整理效果差，酌情扣 2~5 分	15			
合计				100			
备注	自评学生签字：		自评成绩				
	互评学生签字：		互评成绩				
	指导老师签字：		师评成绩				
	总成绩（自评成绩×20%＋互评成绩×30%＋教师评价成绩×50%）						

项目3　磨床电路的装调与故障检修

项目教学目标

知识能力：会分析典型磨床（例如 M7120 型平面磨床）基本控制电路、工作过程和电气图样。

技能能力：① 能够根据磨床控制电路正确选择电器元件并安装。
② 会熟练地进行磨床电气控制电路的配盘，并自检后通电调试。
③ 在机床出现故障的情况下，会根据故障现象结合图样进行故障的诊断与排除。

社会能力：① 通过团队的合作来完成项目，培养学生的团队协作精神。
② 通过收集资料、制订工作计划来完成项目的实施，形成自主学习、尊重科学、实事求是的科学态度。
③ 在实践中培养学生核心素养，使学生更加适应社会的发展，实现纵深学习、全面发展的目标。

子项目 3.1　M7120 型平面磨床控制电路的安装与调试

学习活动一　　　　　　　　　　接受项目，明确要求

某机床装配厂要拆装几台 M7120 型磨床，小赵跟着车间师傅学习认识磨床以及如何分析并装调磨床的电气控制电路。

本项目是根据 M7120 型磨床的电气原理图分析其工作过程并合理选择电器元件、利用工具装调电气控制电路。

学习活动二　　　　　　　　　　小组讨论，自主获取信息

【信息1】正、反转控制电路的分析

工厂中电动葫芦、小型台钻等机械设备都只要求电动机朝一个方向旋转，而许多生产机械的运动部件往往要求实现正、反两个方向的运动，如机床主轴正转和反转，起重机吊钩的上升与下降，机床工作台的前进与后退，机械装置的夹紧与放松等等。这就要求拖动电动机实现正、反转来控制。

根据三相交流异步电动机工作原理可知，只要将电动机主电路三相电源线的任意两根对

调，改变电源相序，改变旋转磁场方向，就可以实现电动机的正、反转。

根据单向连续控制电路的控制原理，要实现正、反转运行可用两只接触器来改变电动机电源的相序，但是它们不能同时得电动作，否则将造成电源相间短路事故。常用的电动机正、反转控制电路有以下几种。

1. 按钮联锁的正、反转控制电路

按钮联锁的正、反转控制电路原理图如图 3-1 所示，控制电路两端连接在低压断路器下面三相电中的任意两相。

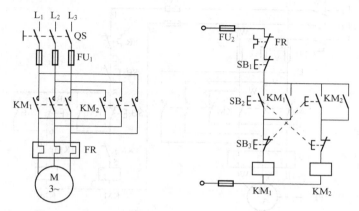

图 3-1　三相交流异步电动机按钮联锁的正、反转控制电路原理图

图中 SB$_2$ 与 SB$_3$ 分别为正、反向起动按钮，每只按钮的常闭触点都与另一只按钮的常开触点串联，此种接法称为按钮联锁，或叫按钮互锁。这种由按钮的常闭触点构成的联锁也称为机械联锁。每只按钮上起联锁作用的常闭触点称为"联锁触点"。当操作任意一只按钮时，其常闭触点先分断，使相反转向的接触器断电释放，可防止两只接触器同时得电造成电源短路。

三相交流异步电动机按钮联锁正、反转控制电路工作原理如下：

1）电动机正向起动时，合上电源开关 QS，按下按钮 SB$_2$，其常闭触点先分断，使 KM$_2$ 线圈不得电，实现联锁。同时 SB$_2$ 的常开触点闭合，KM$_1$ 线圈得电并自锁，KM$_1$ 主触点闭合，电动机 M 得电正向起动运转。

2）电动机反向起动时，如果此时电动机处于正转运行，可以直接按下 SB$_3$，其常闭触点先分断，KM$_1$ 线圈失电，解除自保，KM$_1$ 主触点断开，电动机正转停转。同时 SB$_3$ 常开触点闭合，KM$_2$ 线圈得电并自保，KM$_2$ 主触点闭合，电动机反转。

3）电动机需停转时，只需按下停止按钮 SB$_1$ 即可，电动机 M 失电停止运行。

按钮联锁正、反转控制电路的优点是，电动机可以直接从一个转向过渡到另一个转向而不需要按停止按钮 SB$_1$，但存在的主要问题是容易产生短路事故。例如，电动机正转接触器 KM$_1$ 的主触点因弹簧老化或剩磁的原因而延迟释放时、因触点熔焊或者被卡住而不能释放时，如此时按下 SB$_3$ 反转按钮，会造成 KM$_1$ 因故不释放或释放缓慢而没有完全将触点断开，KM$_2$ 接触器线圈又通电使其主触点闭合，电源会在主电路出现相间短路。可见，按钮联锁正、反转控制电路的特点是方便但不安全，运行状态转换是"正转→反转→停止"。

2. 接触器联锁的正、反转控制电路

为防止出现两个接触器同时得电引起主电路电源相间短路，要求在主电路中任意一个接触器主触点闭合时，另一个接触器的主触点就不能够闭合，即任何时候在控制电路中，KM_1、KM_2 只能有其中一个接触器的线圈通电。将 KM_1、KM_2 正、反转接触器的常闭辅助触点分别串接到对方线圈电路中，形成相互制约的控制，这种相互制约的控制关系也称为联锁，或叫互锁，这两对起联锁作用的常闭触点称为联锁触点。由接触器或继电器常闭触点构成的联锁也称为电气联锁。

三相交流异步电动机接触器联锁的电动机正、反向控制电路原理图，如图 3-2 所示。

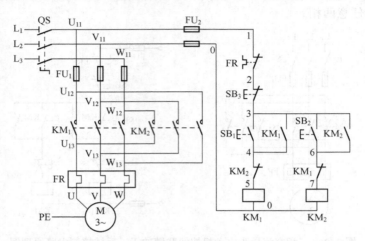

图 3-2　三相交流异步电动机接触器联锁正、反转控制电路原理图

三相交流异步电动机接触器联锁正、反转控制电路工作原理如下：

1）电动机正向起动时，合上电源开关 QS，按下正转起动按钮 SB_1，正转接触器 KM_1 线圈通电，一方面主电路中 KM_1 的主触点和控制电路中 KM_1 的自锁触点闭合，使电动机连续正转；另一方面 KM_1 的常闭联锁触点断开，切断反转接触器 KM_2 线圈回路，使得它无法通电，实现联锁。此时即使按下反转起动按钮 SB_2，反转接触器 KM_2 线圈因 KM_1 联锁触点断开也不会通电。要实现反转控制，必须先按下停止按钮 SB_3，切断正转接触器 KM_1 线圈回路，主电路中 KM_1 的主触点和控制电路中 KM_1 的自锁触点恢复断开，KM_1 的联锁触点恢复闭合，解除对 KM_2 的联锁，然后按下反转起动按钮 SB_2，才能使电动机反向起动运转。

2）电动机反向起动时，按下反转起动按钮 SB_2，反转接触器 KM_2 线圈通电，一方面主电路中 KM_2 的主触点闭合，控制电路中 KM_2 的自锁触点闭合，实现反转；另一方面 KM_2 的反转互锁触点断开，使正转接触器 KM_1 线圈回路无法接通，进行联锁。

3）电动机需停转时，只需按下停止按钮 SB_3 即可，电动机 M 失电停止运行。

接触器联锁正、反向转控制电路的优点是可以避免由于误操作以及因接触器故障引起的电源短路事故发生，但存在的主要问题是，从一个转向过渡到另一个转向时要先按停止按钮 SB_3，不能直接过渡，显然这是十分不方便的。可见接触器互联锁正、反转向控制电路的特点是安全但不方便，运行状态转换必须是"正转→停止→反转"。

3. 双重联锁的正、反向控制电路

采用复式按钮和接触器复合联锁的双重联锁的正、反转向控制电路如图 3-3 所示。

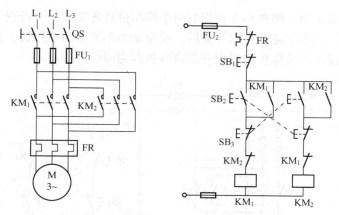

图 3-3　三相交流异步电动机接触器双重联锁的正、反转控制电路原理图

双重联锁的正、反向控制电路可以克服上述两种正、反向转控制电路的缺点，图中 SB_2 与 SB_3 是两只复合按钮，它们各具有一对常开触点和一对常闭触点，该电路具有按钮和接触双重联锁作用。

三相交流异步电动机双重联锁的正、反转控制电路工作原理如下：

1）电动机正向起动时，合上电源开关 QS，按正转按钮 SB_2，正转接触器 KM_1 线圈通电，KM_1 主触点闭合，电动正转起动运转。与此同时，SB_2 的联锁常闭触点和 KM_1 的联锁常闭触点都断开，双双保证反转接触器 KM_2 线圈不会同时获电。

2）欲要反转，只要直接按下反转复合按钮 SB_3，其常闭触点先断开，使正转接触器 KM_1 线圈断电，KM_1 的主、辅触点复位，电动机停止正转。与此同时，SB_3 常开触点闭合，使反转接触器 KM_2 线圈通电，KM_2 主触点闭合，电动机反转起动运转，串接在正转接触器 KM_1 线圈电路中的 KM_2 常闭辅助触点断开，起到联锁作用。

3）电动机需停转时，只需按下停止按钮 SB_1 即可，电动机 M 失电停止运行。

【信息 2】自动往返控制电路的分析

在实际应用中，有一些电气设备，要根据可移动部件的行程位置控制其运行状态。如电梯行驶到一定位置要停下来，起重机将重物提升到一定高度要停止上升，停的位置必须在一定范围内，否则可能造成危险事故；还有些生产机械，如高炉的加料设备、龙门刨床等需自动往返运行。停止电动机的停可以通过控制电路中的停止按钮 SB_1 实现，这属于手动控制，也可用行程开关控制电动机在规定的位置停止，这属于按照行程原则实现的自动控制。

实现行程位置控制的电器主要是行程开关，即用行程开关对机械设备运动部件的位置或机件的位置变化来进行控制，称为按行程原则的自动控制，也称为行程控制。行程控制是机械设备中应用较广泛的控制方式之一。

行程控制根据其控制特点，可以分为限位保护控制与自动循环控制。

1. 三相交流异步电动机的限位保护控制

如图 3-4b 所示，某小车在规定的轨道上运行时，可用行程开关实现终端限位保护，控制小车在规定的轨道上安全运行。小车在轨道上的向前、向后运动可利用电动机的正、反转实现。若需要限位保护时，则在小车行程的两个终端位置各安装一个行程开关，将行程开关的触点接于电路中，当小车碰撞行程开关后，使拖动小车的电动机停转，就可达到限位保护的目的。用来实现终端限位保护的行程开关通常被称为限位开关。

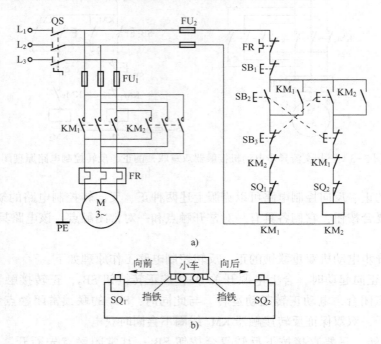

图 3-4　三相交流异步电动机正、反转限位控制电路

a）三相交流异步电动机正、反转限位控制电路电气原理图

b）三相交流异步电动机正、反转限位控制示意图

三相交流异步电动机正、反转限位控制电路如图 3-4a 所示，工作原理如下：

（1）小车向前运行控制

合上电源开关 QS，按下正传起动按钮 SB_2 后，KM_1 线圈通电并自锁，联锁触点断开并对 KM_2 线圈进行联锁，使其不能得电，同时 KM_1 主触点吸合，电动机正转，小车向前运动。运动一段距离后，小车挡铁碰撞到行程开关 SQ_1，SQ_1 常闭触点断开，KM_1 线圈失电，KM_1 主触点断开，电动机断电停转，同时 KM_1 自锁触点断开，KM_1 联锁触点恢复闭合。

（2）小车向后运行控制

按下反转起动按钮 SB_3 后，KM_2 线圈通电并自锁，联锁触点断开并对 KM_1 线圈进行联锁，使其不能得电，同时 KM_2 主触点吸合，电动机反转，小车向后运动。运动一段距离后，小车挡铁碰撞到行程开关 SQ_2，SQ_2 常闭触点断开，KM_2 线圈失电，KM_2 主触点断开，电动机断电停转，同时 KM_2 自锁触点断开，KM_2 联锁触点恢复闭合。

（3）停止控制

无论小车是在向前还是在向后的运行过程中，如果需要小车停在当前位置，按下停止按钮 SB_1 即可。

2. 三相交流异步电动机的自动循环控制

在许多生产机械的运动部件往往要求在规定的区域内实现正、反两个方向的循环运动，例如，生产车间的行车运行到终点位置时需要及时停车，并能按控制要求回到起点位置；铣床要求工作台在一定距离内能做自由往复循环运动，以便对工件进行连续加工。这种特殊要求的行程控制，称为自动循环控制。

如图 3-5a 所示为三相交流异步电动机自动往复循环控制电路电气原理图，图 3-5b 为位置示意图，行程开关 SQ_1、SQ_2 为实现自动往复循环控制的行程开关，工作台向右运行由接触器 KM_1 控制电动机正转实现，工作台向左运行由接触器 KM_2 控制电动机反转实现。行程开关 SQ_3、SQ_4 分别为正反向限位保护用行程开关。

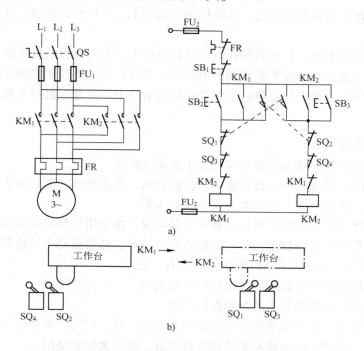

图 3-5　三相交流异步电动机自动往复循环控制电路
a）三相交流异步电动机自动往复循环控制电路电气原理图
b）三相交流异步电动机自动往复循环控制电路位置示意图

三相交流异步电动机自动往复循环控制电路工作原理如下：

1）需要工作台电动机起动运行时，合上电源开关 QS，按下正传起动按钮 SB_2，接触器 KM_1 线圈通电，其自锁触点闭合，实现自锁，联锁触点断开，实现对接触器 KM_2 线圈的联锁，主电路中的 KM_1 主触点闭合，电动机通电正转，拖动工作台向右运动。到达右边终点位置后，安装在工作台上的限定位置的撞块碰撞行程开关 SQ_1，使其常闭触点先断开，切断接触器 KM_1 线圈回路，KM_1 线圈断电，主电路中 KM_1 主触点分断，电动机断电停止正转，工作台停止向右运动。控制电路中，KM_1 自锁触点分断解除自锁，KM_1 的常闭触点恢复闭合，解除对接触器 KM_2 线圈的联锁。SQ_1 的常开触点后闭合，接通 KM_2 线圈回路，KM_2 线圈得电，KM_2 自锁触点闭合实现自锁，KM_2 的常闭触点断开，实现对接触器 KM_1 线圈的联锁，主电路中的 KM_2 主触点闭合，电动机通电，改变相序反转，拖动工作台向左运动。到达左边终点位置后，安装在工作台上的限定位置的撞块碰撞行程开关 SQ_2，其常闭和常开触点按先后动作，常闭触点先断开，使电动机停止向左运行，常开触点后闭合，让电动机开始向右运行，重复上述过程，即工作台在 SQ_1 和 SQ_2 之间做周而复始的往复循环运动，直到按下停止按钮 SB_1 为止，整个控制电路失电，接触器 KM_1（或 KM_2）主触点分断，电动机断电停转，工作台停止运动。

2）工作台运行过程中，如果控制自动往复循环的行程开关 SQ_1 或 SQ_2 失灵，则由限位保护行程开关 SQ_3、SQ_4 动作，实现终端位置的限位保护。此电路采用接触器的常闭触点实现电气联锁，所以电动机在运行过程中，不可以利用按钮实现直接反向。如果需要此项控制内容，电路则应该在接触器联锁正、反转控制的基础上，增加按钮联锁，就可以通过按钮实现直接反向运行。

由以上分析可以看出，行程开关在电气控制电路中，若起行程限位控制作用时，总是用其常闭触点串接于被控制的接触器线圈的电路中；若起自动循环控制作用时，总是以复合触点形式接于电路中，其常闭触点串接于将被切除的电路中，其常开触点并接于将待起动的换向按钮两端。

【信息 3】 磨床概况

磨床是用砂轮的周边或端面进行机械加工的精密机床。

根据用途不同，磨床可分为外圆磨床、内圆磨床、平面磨床、无心磨床以及一些专用磨床，如螺纹磨床、球面磨床、齿轮磨床、导轨磨床等。

砂轮作为磨床上的主切削工具，一般不需要调速，都采用三相异步电动机拖动。

磨床的加工形式是磨削加工，砂轮的旋转是主运动，辅助运动为砂轮架的上下移动、砂轮架的横向（前后）进给和工作台的纵向（左右）进给。

磨床的电气控制电路有简单的，也有相当复杂的。

平面磨床是用砂轮磨削加工各种零件的平面。

M7120 型平面磨床是平面磨床中使用较为普遍的一种，它的磨削精度和表面粗糙度都比较高，操作方便，适用于磨削精密零件和各种工具，并可做镜面磨削。

M7120 型号意义：

M——磨床类；7——平面磨床组；1——卧轴矩台式；20——工作台的工作面宽 200 mm。

| 学习活动三 | 小组制订计划 |

请根据项目要求，结合小组讨论后获取的信息点，小组共同制订本项目的完成计划表，列出工作任务单，见表 3-1。

表 3-1　工作任务单

工作任务名称	M7120 型磨床电气控制电路的安装与调试	工作时间	10 学时
工作任务分析	M7120 型平面磨床是平面磨床中使用较为普遍的一种，它的磨削精度和表面粗糙度都比较高，适用于磨削精密零件和各种工具。本项目的主要任务是识读分析 M7120 型磨床电气控制原理图，能够对 M7120 型磨床的控制电路进行安装、调试与维修		
工作内容	1. 根据电气原理图分析电路工作过程 2. 安装与调试 M7120 型磨床电气控制电路		

（续）

工作任务 名称	M7120 型磨床电气控制电路的安装与调试	工作时间	10 学时
工作任务 流程	1. 学习 M7120 型磨床的基本结构 2. 学习电气控制电路图的识读、绘制方法 3. 分析 M7120 型磨床的主要运动形式及电力控制要求 4. 根据电气原理图分析主电路工作过程 5. 根据电气原理图分析控制电路工作过程 6. 根据电气原理图分析辅助电路工作过程 7. M7120 型磨床电气控制电路的安装 8. M7120 型磨床电气控制电路的调试 9. 总结与反馈本次工作任务 10. 成绩考评		
工作任务 实施	1. M7120 型磨床主电路的工作原理 2. M7120 型磨床控制电路的工作原理 3. M7120 型磨床辅助电路的工作原理 4. M7120 型磨床控制电路的安装		
考评	按考评标准考评	见考评标准（反页）	
	考评成绩		
	教师签字	年　　月　　日	

学习活动四　　教师点睛，引导解惑

【引导 1】 M7120 型平面磨床的主要结构及运动形式

1. 主要结构

M7120 型平面磨床主要由床身、垂直进给手轮、工作台、位置行程挡块、砂轮修正器、横向进给手轮、拖板、磨头和驱动工作台手轮等部件组成，如图 3-6 所示。

2. 运动形式

M7120 型平面磨床共有 4 台电动机。

1）砂轮电动机是主运动电动机直接带动砂轮旋转，对工件进行磨削加工。

2）砂轮升降电动机使拖板（磨头安装在拖板上）沿立柱导轨上下移动，用以调整砂轮的位置。

3）工作台和砂轮的往复运动是靠液压泵电动机进行液压传动的，液压传动较平稳。

4）冷却泵电动机带动冷却泵供给砂轮和工件冷却液，同时利用冷却液带走磨下的铁屑。

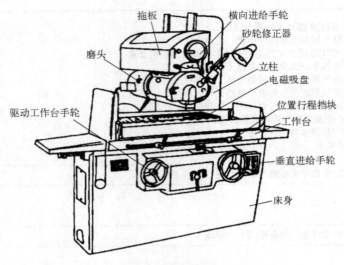

图 3-6　M7120 型平面磨床示意图

【引导 2】 M7120 型平面磨床控制电路的分析

M7120 型平面磨床的电气控制电路分为主电路、控制电路、电磁工作台控制电路及照明与指示灯电路 4 部分，如图 3-7 所示。

1. 主电路分析

主电路中共有 4 台电动机。

M_1 是液压泵电动机，实现工作台的往复运动，由 KM_1 控制实现单向旋转。M_2 是砂轮电动机，带动砂轮转动来完成磨削加工工件，M_3 是冷却泵电动机，它们只要求单向旋转，由 KM_2 控制，且冷却泵电动机 M_3 只有在砂轮电动机 M_2 运转后才能运转。M_4 是砂轮升降电动机，用于磨削过程中调整砂轮与工件之间的位置。

注：

M_1、M_2、M_3 是长期工作的，所以都装有过载保护。M_4 是短期工作的，不设过载保护。4 台电动机共用一组熔断器 FU_1 作短路保护。

2. 控制电路分析

（1）液压泵电动机 M_1 的控制

合上总开关 QS 后，整流变压器一个次级输出 135 V 交流电压，经桥式整流器 VC 整流后得到直流电压，使电压继电器 KV 获电动作，其常开触点闭合，为起动做好准备。

注意，当电源电压过低时，KV 不吸合，则串接在 KM_1、KM_2 控制电路中的 KV 不能可靠动作，M_1、M_2 电动机均无法运行，确保安全。

因为平面磨床的工件靠直流电磁吸盘的吸力将工件吸牢在工作台上，只有具备可靠的直流电压后，才允许起动砂轮和液压系统，以保证安全。

当 KV 吸合后，可以通过按钮 SB_1、SB_2 控制 KM_1 线圈的通断电，进而控制液压泵电动机的起动、停止。指示灯 HL_2 指示电动机 M_1 的通断电情况。

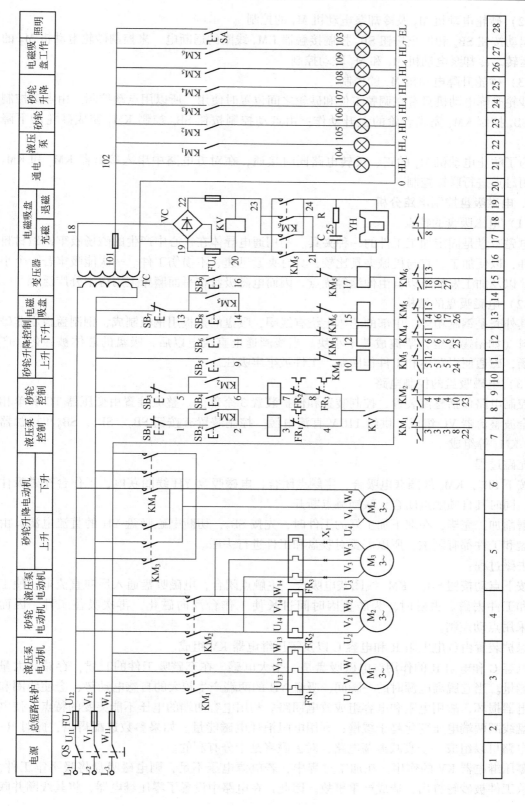

图3-7　M7120型平面磨床电气原理图

（2）砂轮电动机 M_2 及冷却泵电动机 M_3 的控制

起动按钮 SB_4 和停止按钮 SB_3 控制接触器 KM_2 线圈的通断电，来控制砂轮电动机 M_2 的起动运转。冷却泵电动机 M_3 和 M_2 联动控制。

（3）砂轮升降电动机 M_4 的控制

砂轮升降电动机只有在调整工件和砂轮之间位置时使用，所以用点动控制。由点动控制按钮 SB_5 控制 KM_3 完成砂轮的上升动作；由点动控制按钮 SB_6 控制 KM_4 完成砂轮的下降动作。

为了防止电动机 M_4 的正、反转电路同时接通，在对方电路中串入接触器 KM_4 和 KM_3 的常闭触点进行联锁控制。

3. 电磁吸盘控制电路分析

（1）电磁吸盘的特点

电磁吸盘是固定加工工件的一种夹具。利用通电导体在铁心中产生的磁场吸牢铁磁材料的工件，以便加工。它与机械夹具比较，具有夹紧迅速、不损伤工件、一次能吸牢若干个小工件，以及加工发热可以自由伸缩等优点。因而电磁吸盘在平面磨床上用得十分广泛。

（2）电磁吸盘的结构

其外壳是钢制箱体，中部的芯体上绕有线圈，吸盘的盖板用钢板制成，钢制盖板用非磁性材料（如铅锡合金）隔离成若干小块。当线圈通上直流电以后，吸盘的芯体被磁化，产生磁场，磁通便以芯体和工件作回路，工件被牢牢吸住。

（3）电磁吸盘的控制电路

控制电路包括整流装置、控制装置和保护装置 3 个部分。整流装置由变压器 TC 和单相桥式全波整流器 VC 组成，供给 110 V 直流电源。控制装置有按钮 SB_7、SB_8、SB_9 和接触器 KM_5、KM_6 等组成。

充磁过程：

按下 SB_8，KM_5 线圈获电吸合，主触点闭合，电磁吸盘 YH 线圈获电，工作台充磁吸住工件。同时其自锁触点闭合，联锁触点断开。

磨削加工完毕，在取下加工好的工件时，先按 SB_7，切断电磁吸盘 YH 的直流电源，由于吸盘和工件都有剩磁，所以需要对吸盘和工件进行去磁。

去磁过程：

按下点动按钮 SB_9，KM_6 线圈获电吸合，主触点闭合，电磁吸盘通入反向直流电，使工作台和工件去磁。去磁时，为防止因时间过长使工作台反向磁化，再次吸住工件，因而 KM_6 采用点动控制。

保护装置由放电电阻 R 和电容 C 以及零压继电器 KV 组成。

电容 C 和电阻 R 的作用：电磁吸盘是一个大电感，在充磁吸工件的时候，存储有大量磁场能量。当它脱离电源时的一瞬间，吸盘 YH 的两端产生较大的自感电动势，会使线圈和其他电器损坏，故用电阻和电容组成放电回路。利用电容两端的电压不能突变的特点，使电磁吸盘线圈两端电压变化趋于缓慢；利用电阻消耗电磁能量。如果参数选配得当，此时 R - L - C 电路可以组成一个衰减振荡电路，对去磁将是十分有利的。

零压继电器 KV 的作用：在加工过程中，若电源电压不足，则电磁吸盘将吸不牢工件，会导致工件被砂轮打出，造成严重事故。因此，在电路中设置了零压继电器，将其线圈并联在直流电源上，其常开触点串联在液压泵电动机和砂轮电动机的控制电路中，若电磁吸盘吸不牢工件，KV 就会释放，使液压泵电动机和砂轮电动机停转，保证了安全。

4. 照明和指示电路分析

EL 为照明灯，工作电压为 24 V，由变压器 TC 供电。SA 为照明负荷隔离开关。

$HL_1 \sim HL_7$ 为指示灯，工作电压为 6 V，由变压器 TC 供电，7 个指示灯的作用分别是：

HL_1 是电路的电源指示；HL_2 是液压泵电动机工作状态的指示；HL_3 和 HL_4 是冷却泵及砂轮电动机工作状态的指示；HL_5 和 HL_6 是砂轮升降电动机工作状态的指示；HL_7 是电磁吸盘的工作状态的指示。

学习活动五　　　　　　　　　项目实施

1. 实施内容

1）对磨床控制电路所用的元器件进行分辨和检测。

2）根据电气原理图找出每个元器件在电路板上的位置，并画出安装配线工艺图。

3）按照工艺要求连接控制电路。

2. 工具、仪表及器材

1）工具：测电笔、螺钉旋具、尖嘴钳、斜口钳、剥线钳、电工刀等电工常用工具。

2）仪表：绝缘电阻表、钳形电流表、万用表。

3）元器件：交流电动机、熔断器、断路器、交流接触器、按钮、端子板、紧固体和编码套管、导线等。

3. 实施步骤

1）按表配齐所用的电器元件，并检查元器件质量。

2）根据电路图分析布置图，然后在控制板上合理布置和牢固安装各电器元件，并贴上醒目的文字符号。

3）在控制板上根据电路图进行正确布线和套编码套管。

4）安装交流电动机。

5）连接控制板外部的导线。

6）自检。

7）检查无误后通电试车。认真分析电路的控制要求及特点。

4. 调试训练

1）自检。调试之前用工具对控制电路和主电路先进行初步自我检查。

2）教师示范调试。教师进行示范调试时，可把下述检查步骤及要求贯穿其中，直至调试成功。如果第一次没有调试成功，可以用试验法来观察现象→用逻辑分析法缩小故障范围，并在电路图上用虚线标出可能出现问题部位的最小范围→用测量法正确迅速地找出问题点→修复→再通电试车。

3）学生调试训练。教师示范调试后，再由各组长带领小组成员进行调试训练。在学生调试的过程中，教师要巡回进行启发性的指导。

5. 注意事项

安装注意事项：

1）通电试车前要认真检查接线是否正确、牢靠；各电器动作是否正常，有无卡阻现象。

2）若遇异常情况，应立即断开电源停车检查。若带电检查，必须有指导教师在现场监护。

3）训练应在规定的定额时间内完成，同时要做到安全操作和文明生产。

调试注意事项：

1）要认真听取和仔细观察指导教师在示范过程中的讲解和调试操作。

2）要熟练掌握电路图中各个环节的作用。

3）调试过程的分析、排除问题的思路和方法要正确。

4）工具和仪表使用要正确。

5）不能随意更改电路和带电触摸电器元件。

6）带电时，必须有教师在现场监护，并要确保用电安全。

7）调试必须在规定的时间内完成。

学习活动六　　　　成果展示并汇报

项目实施完毕后，请其中两个小组的组长来展示一下各自团队的成果，并请本组成员进行记录，把记录内容填到下面的表3-2中。

表3-2　展示板

汇报人员	线路展示图	展示内容分析

学习活动七　　　　项目评价

本项任务的评价标准如表3-3所示。任务评价由学生自评、小组互评与教师评价相结合，其中学生自评占总成绩的20%、小组互评占总成绩的30%、教师评价占总成绩的50%。

表3-3　评价标准

考核项目	考核内容	考核要求	评分要点及得分 （最高为该项配分值）	配分	得分		
					自评	互评	师评
职业能力	电路设计	1. 理解电气控制系统的控制特点与实现方法，能够根据提出的电气控制要求，正确绘出继电器-接触器电气控制系统原理图 2. 各电器元件的图形符号及文字符号要求按照国标符号绘制 3. 能够根据电气原理图列出主要元器件明细表	1. 主电路设计1处错误扣5分 2. 控制电路设计1处错误扣5分 3. 图形符号画法有误，每处扣1分 4. 元器件明细表有误，每处扣2分	30			

（续）

考核项目	考核内容	考核要求	评分要点及得分（最高为该项配分值）	配分	得分 自评	得分 互评	得分 师评
职业能力	元器件安装	1. 按图样的要求，正确使用工具和仪表，熟练安装电器元件 2. 元器件在配电板上布置要合理，安装要准确、紧固 3. 按钮盒不固定在控制板上	1. 元器件布置不整齐、不匀称、不合理，每个扣 1 分 2. 元器件安装不牢固、安装元器件时漏装螺钉，每只扣 1 分 3. 损坏元器件，每只扣 2 分 4. 走线槽板布置不美观、不符合要求，每处扣 2 分	10			
	电路安装	1. 电路安装要求美观、紧固、无毛刺，导线要进行线槽 2. 电源和电动机配线、按钮接线要接到端子排上，进出线槽的导线要有端子标号	1. 接线要符合安全性、规范性、正确性、美观性，接线不进行线槽，不美观，有交叉线，每处扣 1 分；接点松动、露铜过长、反圈、压绝缘层，标记线号不清楚、遗漏或误标，每处扣 1 分 2. 损伤导线绝缘或线芯，每根扣 1 分 3. 导线颜色、按钮颜色使用错误，每处扣 2 分	30			
	通电模拟调试	1. 根据所给电动机容量，正确选择熔断器熔体；正确整定热继电器的整定电流值 2. 在保证人身和设备安全的前提下，通电模拟调试成功，电气控制电路符合控制要求 3. 观察线路工作现象并判断正确与否	1. 主、控电路配错熔体，每个扣 1 分；热继电器整定电流值错误，每处扣 2 分 2. 熟悉调试过程，调试步骤一处错误扣 3 分 3. 能在调试过程中正确使用万用表，根据所测数据判断电路是否出现故障，否则每处扣 2 分 4. 一次试车不成功扣 5 分　二次试车不成功扣 10 分　三次试车不成功扣 15 分	15			
职业素质	安全文明操作	1. 劳动保护用品穿戴整齐，电工工具佩带齐全 2. 安全、正确、合理使用电器元件 3. 遵守安全操作规程	1. 未做相应的职业保护措施，扣 2 分 2. 损坏元器件一次，扣 2 分 3. 引发安全事故，扣 5 分	5			
	团队协作精神	1. 尊重指导教师与同学，讲文明礼貌 2. 分工合理、能够与他人合作、交流	1. 分工不合理，承担任务少，扣 5 分 2. 小组成员不与他人合作，扣 3 分 3. 不与他人交流，扣 2 分	5			
	劳动纪律	1. 遵守各项规章制度及劳动纪律 2. 训练结束要养成清理现场的习惯	1. 违反规章制度一次，扣 2 分 2. 不做清洁整理工作，扣 5 分 3. 清洁整理效果差，酌情扣 2~5 分	5			
合计				100			

备注	自评学生签字：		自评成绩	
	互评学生签字：		互评成绩	
	指导老师签字：		师评成绩	
	总成绩（自评成绩×20%+互评成绩×30%+教师评价成绩×50%）			

子项目 3.2　　M7120 型平面磨床控制电路的故障分析及检修

学习活动一　　　　　　　　　**接受项目，明确要求**

小张跟着车间师傅学习如何使用磨床的过程中，突然磨床的工作台不能正常移动了，小张向师傅请教，那么磨床的故障该如何分析、检修并排除呢？

本项目要求根据 M7120 型平面磨床的故障现象和电气图样，利用仪表工具检测电路并分析控制电路中故障点的具体位置，修复电路。

学习活动二　　　　　　　　　**小组讨论，自主获取信息**

【信息 1】电阻分段测量法

将电气控制电路分成若干段，用电阻档分别测量各段电阻值查找故障点的方法，称为电阻分段测量法。

电阻分段测量法如图 3-8 所示，检查时切断电源，按下 SB$_2$，逐段测量 1-2、2-3、3-4、4-5、5-6 两点间的电阻。如测得某两点间电阻很大，说明该触点接触不良或导线断路。

检查时，若所测电路并联了其他电路，测量时必须将被测电路与其他电路断开。

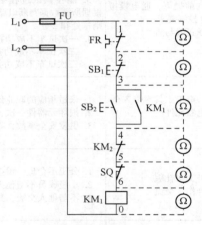

图 3-8　电阻分段测量法

【信息 2】电阻分段测量法检测举例

请对图 3-9 电路进行故障检测，注意检测时，断开电源（或拆下熔断器），把万用表置电阻档，逐段测量 1-3、3-5、5-7、7-9、9-11、11-0 各点的电阻值，当测量到某标号时，若电阻值与理论值不同，说明表棒刚跨过的触点或连接线处有问题。

正常情况下：

1-3 电阻为 0；

3-5 电阻为 0；

5-7 电阻为无穷大（不按按钮）；

5-7 电阻为 0（按下按钮）；

7-9 电阻为 0；

9-11 电阻为 0；

11-0 电阻为 2 kΩ。

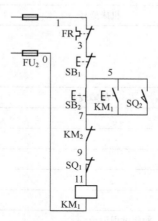

图 3-9　电路故障举例图

请分析 1：如果测量结果如下，可能的故障点在什么部位？

1-3 电阻为 0；

3-5 电阻为 0；

5-7 电阻为无穷大（不按按钮）；

5-7 电阻为无穷大（按下按钮）；

7-9 电阻为 0；

9-11 电阻为 0；

11-0 电阻为 2 kΩ。

故障部位是 5-7。

请分析 2：如果测量结果如下，可能的故障点在什么部位？

1-3 电阻为 0；

3-5 电阻为 0；

5-7 电阻为无穷大（不按按钮）；

5-7 电阻为 0（按下按钮）；

7-9 电阻为 0；

9-11 电阻为无穷大；

11-0 电阻为 2 kΩ。

故障部位是 9-11。

学习活动三　　　　　　　　　小组制订计划

请根据项目要求，结合小组讨论后获取的信息点，小组共同制订本项目的故障排除记录单，组长作为检修负责人，分派组员为检修人员，并把检修过程填写到记录单中，见表 3-4。

表 3-4　故障排除任务单

机床故障检修记录单

检修部门		检修人员		检修人员编号	
机床场地		机床型号		检修时间	
检修内容					

机床故障分析	故障现象		分析故障点

机床故障排除	序号	检修过程记录	检修结果	检修组长意见
			□正确排除 □未正确排除	
			□正确排除 □未正确排除	

检修组长 测评检修员	□能够分析典型机床电气控制电路的工作原理 □会结合电气原理图和检修工具找出机床的故障点 □可以总结常见故障及故障现象
素质评价	□安全着装　　　　　□规范使用工具　　　　□遵守实训纪律 □出勤情况（迟到）　□具有团队协作精神　□工作态度认真
报修部门 验收意见	1. 素质评价（4分） 2. 故障分析（4分） 3. 故障排除（2分） 　　　　　　　　　　　　　　　　　　检修组长签字： 　　　　　　　　　　　　　　　　　　报修负责人签字： 　　　　　　　　　　　　　　　　　　　　　年　　月　　日

学习活动四　　　　　　　　　　　**教师点睛，引导解惑**

【引导1】M7120 型平面磨床带故障点的图样分析

　　M7120 型平面磨床的电气控制电路可分为主电路、控制电路、电磁工作台控制电路及照明与指示灯电路 4 部分。

1. 主电路分析

　　主电路中共有 4 台电动机，其中 M_1 是液压泵电动机实现工作台的往复运动。M_2 是砂轮电动机，带动砂轮转动来完成磨削加工工件，M_3 是冷却泵电动机，它们只要求单向旋转，分别用接触器 KM_1、KM_2 控制。冷却泵电动机 M_3 只是在砂轮电动机 M_2 运转后才能运转。M_4 是砂轮升降电动机，用于磨削过程中调整砂轮和工件之间的位置。

　　M_1、M_2、M_3 是长期工作的，所以都装有过载保护。M_4 是短期工作的，不设过载保护。4 台电动机共用一组熔断器 FU_1 作短路保护，带故障点的主电路如图 3-10 所示。

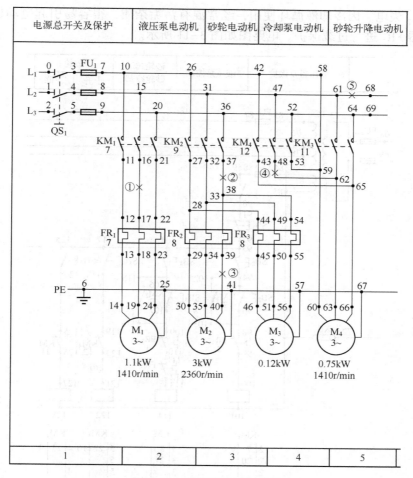

图 3-10　带故障点的主电路

2. 控制电路分析

（1）液压泵电动机 M_1 的控制

合上总开关 QS_1 后，整流变压器三次侧输出 130 V 交流电压，经桥式整流器 VC 整流后得到直流电压，使电压继电器 KV 获电动作，其常开触点（7 区）闭合，为起动电动机做好准备。如果 KV 不能可靠动作，各电动机均无法运行。因为平面磨床的工件靠直流电磁吸盘的吸力将工件吸牢在工作台上，只有具备可靠的直流电压后，才允许起动砂轮和液压系统，以保证安全。

当 KV 吸合后，按下起动按钮 SB_3，接触器 KM_1 通电吸合并自锁，工作台电动机 M_1 起动运转，HL_2 灯亮。若按下停止按钮 SB_2，接触器 KM_1 线圈断电释放，电动机 M_1 断电停转。

（2）砂轮电动机 M_2 及冷却泵电动机 M_3 的控制

按下起动按钮 SB_5，接触器 KM_2 线圈获电动作，砂轮电动机 M_2 起动运转。由于冷却泵电动机 M_3 与 M_2 联动控制，所以 M_3 与 M_2 同时起动运转。按下停止按钮 SB_4 时，接触器 KM_2 线圈断电释放，M_2 与 M_3 同时断电停转。

两台电动机的热继电器 FR_2 和 FR_3 的常闭触点都串联在 KM_2 中，只要有一台电动机过载，就使 KM_2 失电。因冷却液循环使用，经常混有污垢杂质，很容易引起电动机 M_3 过载，故用热继电器 FR_3 进行过载保护。电路图如图 3-11 所示。

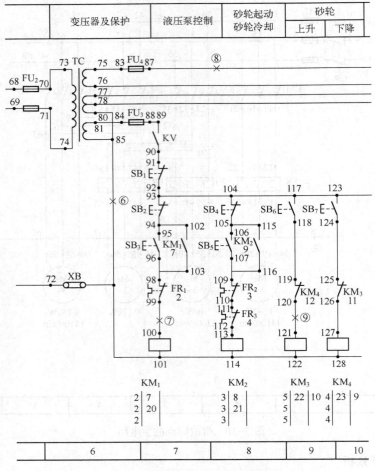

图 3-11　带故障点的控制电路

（3）砂轮升降电动机 M_4 的控制

砂轮升降电动机只有在调整工件和砂轮之间位置时使用，所以用点动控制。当按下点动按钮 SB_6，接触器 KM_3 线圈获电吸合，电动机 M_4 起动正转，砂轮上升。到达所需位置时，松开 SB_6，KM_3 线圈断电释放，电动机 M_4 停转，砂轮停止上升。

按下点动按钮 SB_7，接触器 KM_4 线圈获电吸合，电动机 M_4 起动反转，砂轮下降。到达所需位置时，松开 SB_7，KM_4 线圈断电释放，电动机 M_4 停转，砂轮停止下降。

为了防止电动机 M_4 的正、反转电路同时接通，故在对方电路中串入接触器 KM_4 和 KM_3 的常闭触点进行联锁控制。

3. 电磁吸盘控制电路分析

电磁吸盘是固定加工工件的一种夹具。利用通电导体在铁心中产生的磁场吸牢铁磁材料的工件，以便加工。它与机械夹具比较，具有夹紧迅速，不损伤工件，一次能吸牢若干个小工件，以及工件发热可以自由伸缩等优点。因而电磁吸盘在平面磨床上用得十分广泛。

电磁吸盘的控制电路包括整流装置、控制装置和保护装置 3 个部分。带故障点的电磁吸盘控制电路如图 3-12 所示。

整流装置由变压器 TC 和单相桥式全波整流器 VC 组成，供给 120 V 直流电源。

控制装置由按钮 SB_8、SB_9、SB_{10} 和接触器 KM_5、KM_6 等组成。

充磁过程如下：

按下充磁按钮 SB_8，接触器 KM_5 线圈获电吸合，KM_5 主触点（15、18 区）闭合，电磁吸盘 YH 线圈获电，工作台充磁吸住工件。同时其自锁触点闭合，联锁触点断开。

磨削加工完毕，在取下加工好的工件时，先按 SB_9，切断电磁吸盘 YH 的直流电源，由于吸盘和工件都有剩磁，所以需要对吸盘和工件进行去磁。

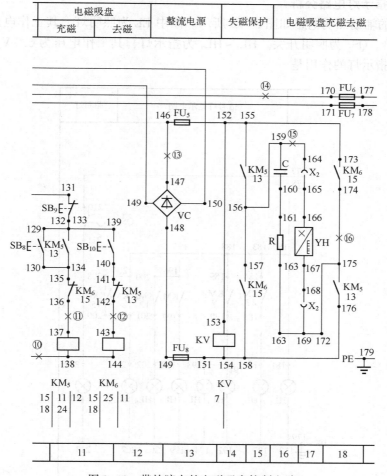

图 3-12　带故障点的电磁吸盘控制电路

去磁过程如下：

按下点动按钮 SB_{10}，接触器 KM_6 线圈获电吸合，KM_6 的两个主触点（15、18 区）闭合，电磁吸盘通入反相直流电，使工作台和工件去磁。去磁时，为防止因时间过长使工作台反向磁化，再次吸住工件，因而接触器 KM_6 采用点动控制。

保护装置由放电电阻 R 和电容 C 以及零压继电器 KV 组成。电阻 R 和电容 C 的作用是：

电磁吸盘是一个大电感，在充磁吸工件时，存储有大量磁场能量。当它脱离电源时的一瞬间，吸盘 YH 的两端产生较大的自感电动势，会使线圈和其他电器损坏，故用电阻和电容组成放电回路。利用电容 C 两端的电压不能突变的特点，使电磁吸盘线圈两端电压变化趋于缓慢，利用电阻 R 消耗电磁能量，如果参数选配得当，此时 R-L-C 电路可以组成一个衰减振荡电路，对去磁将是十分有利的。零压继电器 KV 的作用是：在加工过程中，若电源电压不足，则电磁吸盘将吸不牢工件，会导致工件被砂轮打出，造成严重事故，因此，在电路中设置了零压继电器 KV，将其线圈并联在直流电源上，其常开触点（7 区）串联在液压泵电动机和砂轮电动机的控制电路中，若电磁吸盘吸不牢工件，KV 就会释放，使液压泵电动机和砂轮电动机停转，保证了安全。

4. 照明和指示灯电路分析

带故障点的辅助照明电路如图 3-13 所示。图中 EL 为照明灯，其工作电压为 36 V，由变压器 TC 供给。QS₂ 为照明开关。HL₁~HL₇ 为指示灯，其工作电压为 6.3 V，也由变压器 TC 供给，7 个指示灯的作用是：

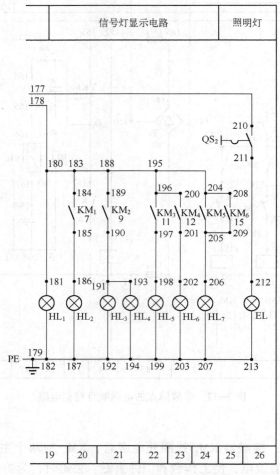

图 3-13　带故障点的辅助照明电路

HL_1 亮，表示控制电路的电源正常；不亮，表示电源有故障。

HL_2 亮，表示工作台电动机 M_1 处于运转状态，工作台正在进行往复运动；不亮，表示 M_1 停转。

HL_3、HL_4 亮，表示砂轮电动机 M_2 及冷却泵电动机 M_3 处于运转状态；不亮，表示 M_2、M_3 停转。

HL_5 亮，表示砂轮升降电动机 M_4 处于上升工作状态；不亮，表示 M_4 停转。

HL_6 亮，表示砂轮升降电动机 M_4 处于下降工作状态；不亮，表示 M_4 停转。

HL_7 亮，表示电磁吸盘 YH 处于工作状态（充磁和去磁）；不亮，表示电磁吸盘未工作。

【引导 2】 用电阻分段测量法对 M7120 型磨床控制电路故障检修

带故障点的 M7120 磨床控制电路如图 3-14 所示。M7120 型磨床控制电路实训单元板故障现象如下：

1）液压泵电动机缺一相。

2）砂轮电动机、冷却泵电动机均缺一相（同一相）。

3）砂轮电动机缺一相。

4）砂轮下降电动机缺一相。

5）控制变压器缺一相，控制电路失效。

6）控制电路失效。

7）液压泵电动机不起动。

8）KV 继电器不动作，液压泵、砂轮冷却、砂轮升降、电磁吸盘均不能起动。

9）砂轮上升失效。

10）电磁吸盘充磁和去磁失效。

11）电磁吸盘不能充磁。

12）电磁吸盘不能去磁。

13）整流电路中无直流电，KV 继电器不动作。

14）照明灯不亮。

15）电磁吸盘充磁失效。

16）电磁吸盘不能去磁。

学习活动五　　　　　　　　　　项目实施

1. 实施内容

1）能够根据 M7120 磨床控制电路出现的故障现象分析故障点的具体位置。

2）用工具完成 M7120 磨床主电路和控制电路若干故障的检查并恢复。

2. 工具、仪表及器材

1）工具：测电笔、螺钉旋具、尖嘴钳、斜口钳、剥线钳、电工刀等电工常用工具。

2）仪表：绝缘电阻表、钳形电流表、万用表。

3）元器件：机床故障板、计算机、紧固体和编码套管、导线等。

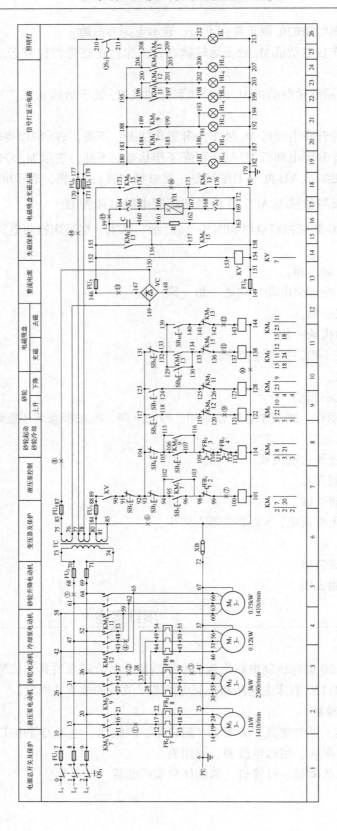

图3-14 带故障点的M7120磨床原理图

3. 实施步骤

1）检查模拟控制板上元器件布置及接线是否合理、正确，对于不合理、不正确的及时纠正。

2）在通电过程中，指导学生观察各用电器在电路中的动作现象。

3）通电后，小组成员之间随机提问电路中相关电器的作用，及其电路中的相关问题。

4）在教师的指导下，对机床控制电路进行操作，了解机床的各种工作状态及操作方法。

5）在有故障的机床或人为设置自然故障点的机床上，由教师示范检修，边分析、边检修，直至找出故障点及排除故障。

6）由组长设置故障点，小组讨论并练习如何从故障现象着手进行分析，逐步引导学生如何采用正确的检查步骤和检修方法。

7）教师设置故障点，由学生检修。

学习活动六　　　　　　　成果展示并汇报

项目实施完毕后，请其中两个小组的组长来展示一下各自团队的成果，并请本组成员进行记录，把记录内容填到下面的表 3-5 中。

表 3-5　展示板

汇报人员	线路展示图	展示内容分析

学习活动七　　　　　　　项目评价

本项任务的评价标准如表 3-6 所示。任务评价由学生自评、小组互评与教师评价相结合，其中学生自评占总成绩的 20%、小组互评占总成绩的 30%、教师评价占总成绩的 50%。

表 3-6　评价标准

考核项目	考核内容	考核要求	评分要点及得分（最高为该项配分值）	配分	得分 自评	得分 互评	得分 师评
职业能力	故障分析	1. 理解电气控制系统的控制特点与实现方法，能够根据提出的电气控制要求，正确分析电气控制系统原理图 2. 能够根据故障点位置分析故障现象	1. 标不出故障线段或错标在故障回路以外，每个故障点扣 1 分 2. 不能标出最小故障范围，每个故障点扣 1 分 3. 在实际排故分析中思路不清楚，扣 1 分	20			

（续）

考核项目	考核内容	考核要求	评分要点及得分 （最高为该项配分值）	配分	得分		
					自评	互评	师评
职业能力	故障排除	1. 根据故障现象正确判断故障范围并逐步缩小 2. 在保证人身和设备安全的前提下，进行故障排除并记录	1. 不能排除故障点，每个扣1分 2. 扩大故障范围或产生新的故障后不能自行修复，每个扣2分；已经修复，每个故障扣1分 3. 损坏电动机扣3分 4. 排除故障的方法不正确，每个故障点扣1分	30			
职业素质	安全文明操作	1. 劳动保护用品穿戴整齐，电工工具佩带齐全 2. 安全、正确、合理使用电器元件 3. 遵守安全操作规程	1. 未做相应的职业保护措施，扣2分 2. 损坏元器件一次，扣2分 3. 引发安全事故，扣5分	20			
	团队协作精神	1. 尊重指导教师与同学，讲文明礼貌 2. 分工合理、能够与他人合作、交流	1. 分工不合理，承担任务少，扣5分 2. 小组成员不与他人合作，扣3分 3. 不与他人交流，扣2分	15			
	劳动纪律	1. 遵守各项规章制度及劳动纪律 2. 训练结束要养成清理现场的习惯	1. 违反规章制度一次，扣2分 2. 不做清洁整理工作，扣5分 3. 清洁整理效果差，酌情扣2~5分	15			
合计				100			

备注	自评学生签字：	自评成绩	
	互评学生签字：	互评成绩	
	指导老师签字：	师评成绩	
	总成绩 （自评成绩×20%＋互评成绩×30%＋教师评价成绩×50%）		

项目4 钻床电路的装调与故障检修

子项目 4.1 Z35 型摇臂钻床控制电路的安装与调试

学习活动一　　　　　　　　　　**接受项目，明确要求**

某机床装配厂要装配几台 Z35 型摇臂钻床，主要用来进行钻孔、扩孔、铰孔、锪平面和攻螺纹等加工，小张跟着车间师傅学习认识钻床以及如何安装与调试钻床的电气控制电路。

本项目是根据 Z35 型摇臂钻床的电气原理图合理选择电器元件、利用工具安装车床电气控制电路并上电调试。

学习活动二　　　　　　　　　　**小组讨论，自主获取信息**

【信息1】 十字开关的认识

主轴电动机 M_2 和摇臂升降电动机 M_3 采用十字开关 SA_3 进行操作，十字开关的塑料盖板上有一个十字形的孔槽，如图 4-1 所示。

根据工作需要可将操作手柄分别扳在孔槽内 5 个不同的位置上，即左、右、上、下和中间 5 个位置。在盖板槽孔的左、右、上、下 4 个位置的后面分别装有一个微动开关，当操作

图4-1　十字开关

手柄分别扳到这4个位置时，便相应压下后面的微动开关，其常开触点闭合而接通所需的电路。操作手柄每次只能扳在一个位置上，亦即4个微动开关只能有一个被压而接通，其余仍处于断开状态。

当手柄处于中间位置时，4个微动开关都不受压，全部处于断开状态。

【信息2】钻床概况

钻床是机械制造中使用广泛的一类机床，作为孔加工机床，主要用来加工箱体、机架等外形较复杂、没有对称回转轴线的工件上的孔。钻削加工时，工件不动，刀具做旋转运动和轴向进给运动。钻床可完成钻孔、铰孔、锪平面、攻螺纹等工作，其加工方法及所需的运动如图4-2所示。

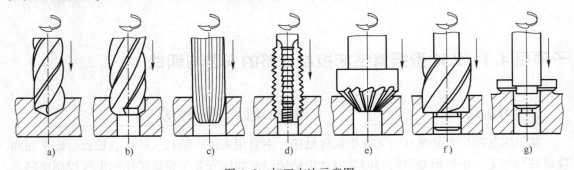

图4-2　加工方法示意图

a）钻孔　b）扩孔　c）绞孔　d）攻螺纹　e）锪孔　f）锪平面　g）刮平面

钻床按其结构形式可分为：立式钻床、台式钻床、摇臂钻床和专门化钻床（如深孔钻床）等。钻床的主要参数是最大钻孔直径。

1. 立式钻床

立式钻床作为钻床的一种，也是比较常见的金属切削机床，有着应用广泛，精度高的特点，适合于批量加工。例如Z5150A，立式钻床加工前，须先调整工件在工作台上的位置，使被加工孔中心线对准刀具轴线。加工时，工件固定不动，主轴在套筒中旋转并与套筒一起做轴向进给。工作台和主轴箱可沿立柱导轨调整位置，以适应不同高度的工件，如图4-3所示。

图 4-3　立式钻床

2. 台式钻床

台式钻床简称台钻，是一种体积小巧，操作简便，通常安装在专用工作台上使用的小型孔加工机床。台式钻床钻孔直径一般在 13 mm 以下，一般不超过 25 mm。其主轴变速一般通过改变三角带在塔型带轮上的位置来实现，主轴进给靠手动操作，如图 4-4 所示。

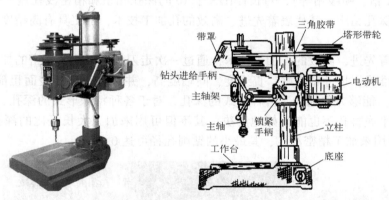

图 4-4　台式钻床

台式钻床主要作中小型零件钻孔、扩孔、绞孔、攻螺纹、刮平面等技工车间和机床修配车间使用，与国内外同类型机床比较，具有马力小、刚度高、精度高，刚性好，操作方便，易于维护的特点。把精密弹性夹头的振动精度调节到 0.01 mm 以下，就可以对玻璃等材料 1 mm 以下的精密钻孔加工。

3. 摇臂钻床

摇臂钻床，也可以称为横臂钻。主轴箱可在摇臂上左右移动，并随摇臂绕立柱回转±180°的钻床，如图 4-5 所示。摇臂还可沿外柱上下升降，以适应加工不同高度的工件。较小的工件可安装在工作台上，较大的工件可直接放在机床底座或地面上。摇臂钻床广泛应用于单件和中小批生产中，加工体积和重量较大的工件的孔。摇臂钻床加工范围广，可用来钻削大型工件的各种螺钉孔、螺纹底孔和油孔等。摇臂钻床的主要变型有滑座式和万向式两种。滑座式摇臂钻床是将基型摇臂钻床的底座改成滑座而成，滑座可沿床身导轨移动，以扩大加工范围，适用于锅炉、桥梁、机车车辆和造船，机械加工等行业。万向摇臂钻床的摇臂除可做垂直和回转运动外，还可做水平移动，主轴箱可在摇臂上做倾斜调整，以适应工件各部位的加工。此外，还有车式、壁式和数字控制摇臂钻床等。

图 4-5　摇臂钻床

4. 深孔钻床

深孔钻床属于专门化钻床，其有别于传统的孔加工方式，它主要依靠特定的钻削技术（如枪钻、BTA 钻、喷吸钻等），对长径比大于 10 的深孔孔系和精密浅孔进行钻削加工的专用机床统称为深孔钻床。其代表着先进、高效的孔加工技术，加工具有高精度、高效率和高一致性。

它们代表着先进、高效的孔加工技术，通过一次走刀就可以获得精密的加工效果，加工出来的孔位置准确，尺寸精度好；直线度、同轴度高，并且有很高的表面粗糙度和重复性，如图 4-6 所示。能够方便地加工各种形式的深孔，对于各种特殊形式的深孔，比如交叉孔、斜孔、盲孔及平底盲孔等也能很好地解决。其不但可用来加工大长径比的深孔（最大可达 300 倍），也可用来加工精密浅孔，其最小的钻削孔径可达 0.7 mm。

图 4-6　深孔钻床

深孔钻床多为水平卧式和三坐标式结构。钻床有独立完善的切削油高压、冷却及过滤系统，以保证充足、洁净、温度适中的切削油供应。

学习活动三　　　　　　　　　　小组制订计划

请根据项目要求，结合小组讨论后获取的信息点，小组共同制订本项目的完成计划表，列出工作任务单，见表 4-1。

表 4-1 工作任务单

工作任务名称	Z35 型摇臂钻床电气控制电路的安装与调试		工作时间	10 学时
工作任务分析	某机床装配厂要装配几台 Z35 型摇臂钻床，主要用来进行钻孔、扩孔、铰孔、锪平面和攻螺纹等加工，小张跟着车间师傅学习认识钻床以及如何安装与调试钻床的电气控制电路 本项目是根据 Z35 型摇臂钻床的电气原理图合理选择电器元件、利用工具安装车床电气控制电路并上电调试			
工作内容	1. 根据电气原理图分析电路工作过程 2. Z35 型摇臂钻床电气控制电路的安装与调试			
工作任务流程	1. 学习 Z35 型摇臂钻床的基本结构 2. 学习电气控制电路图的识读、绘制方法 3. 分析 Z35 型摇臂钻床的主要运动形式及电力控制要求 4. 根据电气原理图分析主电路工作过程 5. 根据电气原理图分析控制电路工作过程 6. 根据电气原理图分析辅助电路工作过程 7. Z35 型摇臂钻床电气控制电路的安装 8. Z35 型摇臂钻床电气控制电路的调试 9. 总结与反馈本次工作任务 10. 成绩考评			
工作任务实施	1. Z35 型摇臂钻床主电路的工作原理			
	2. Z35 型摇臂钻床控制电路的工作原理			
	3. Z35 型摇臂钻床辅助电路的工作原理			
	4. Z35 型摇臂钻床控制电路的安装			
考评	按考评标准考评	见考评标准（反页）		
	考评成绩			
	教师签字			
			年　　月　　日	

学习活动四　　教师点睛，引导解惑

【引导 1】摇臂钻床的主要结构及运动形式

1. 主要结构

摇臂钻床主要由底座、内立柱、外立柱、摇臂、主轴箱、工作台等组成，摇臂钻床结构示意图如 4-7 所示。

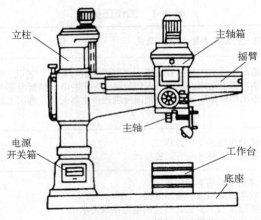

图 4-7　摇臂钻床结构示意图

2. 主要运动形式

内立柱固定在底座上，在它外面套着空心的外立柱，外立柱可绕着内立柱回转一周；摇臂一端的套筒部分与外立柱滑动配合，借助于丝杠，摇臂可沿着外立柱上下移动，但两者不能作相对转动，所以摇臂将与外立柱一起相对于内立柱回转。

主轴箱是一个复合的部件，它具有主轴及主轴旋转部件和主轴进给的全部变速和操纵机构。主轴箱可沿着摇臂上的水平导轨做径向移动；当进行加工时，可以利用特殊的夹紧机构将外立柱紧固在内立柱上，摇臂紧固在外立柱上，主轴箱紧固在摇臂导轨上，然后进行钻削加工。

摇臂的升降，由立柱外层顶上的电动机（1.1 kW，1500 r/mm）经两对齿轮、安全离合器，通过升降丝杠驱动，如图 4-8 所示。

立柱是摇臂钻床的主要支撑件，它承受着摇臂和主轴箱的全部重量以及孔加工时的切削力。摇臂钻床的立柱为内外圆柱形双层结构，摇臂 9 通过其弹性圆柱孔与外层立柱相配合，并能在升降丝杠的作用下沿外立柱表面上下移动。外立柱内部是塔形内立柱 2，其下部与钻床底座相连接，外立柱下端与内立柱之间装有一大直径的滚柱轴承 1，在上部装有球轴承与推力轴承。外立柱与摇臂一起围绕内立柱相对转动，以实现刀具与工件之间的找正。

外立柱携摇臂一起转动，使刀具在找到某一特定位置后，必须进行内、外立柱间的锁紧，以确保该位置在加工时，不因受切削力等外力影响而改变。立柱锁紧装置由外立柱上端的液压缸 8、菱形块 7、杠杆 5、板状弹簧 3、内立柱和外立柱下部的锥面、锥孔共同组成。

图 4-8a 为内外立柱的夹紧状态。由电磁滑阀配送的高压油从液压缸 8 的右腔进入，推动活塞向左运动，带动铰链增力机构中的菱形块从倾斜状态变为竖直状态，并保持自锁。在菱形块的作用下，杠杆以球头钉 4 为支点做逆时针转动，杠杆的中部则向上推动球面垫圈，由此使得外立柱有一个相对于内立柱向下的作用力，改力使内、外立柱下端的内外锥面间产生足够大的摩擦力，限制了内外立柱间的相对运动，达到锁紧的目的。

反之，要解除内、外立柱间的相互约束，恢复相对转动时，压力油从左腔排出，活塞杆向右运动，菱形块呈倾斜状，使外立柱向下运动的力随之消失，外立柱在板状弹簧 3 向上弹性恢复力的推动下，向上抬升，下部内外锥面脱开，呈现松开状态。

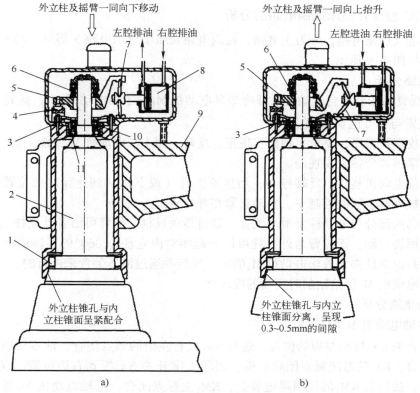

图 4-8　摇臂升降示意图
a）夹紧状态　b）松开状态
1—滚柱轴承　2—内立柱　3—板状弹簧　4—球头支撑钉　5—摆动杠杆　6—轴承组
7—菱形块　8—液压缸　9—摇臂　10—推力轴承　11—径向球轴承

【引导 2】Z35 型摇臂钻床电力拖动特点及控制要求

　　由于摇臂钻床的运动部件较多，为简化传动装置，使用多电动机拖动，主电动机承担主钻削及进给项目，摇臂升降，夹紧放松和冷却泵各用一台电动机拖动。

　　为了适应多种加工方式的要求，主轴及进给应在较大范围内调速。但这些调速都是机械调速，用手柄操作变速箱调速，对电动机无任何调速要求。从结构上看，主轴变速机构与进给变速机构应该放在一个变速箱，而且两种运动由一台电动机拖动是合理的。

　　加工螺纹时要求主轴能正、反转。摇臂钻床的正、反转一般用机械方法实现，电动机只需单方向旋转。

　　摇臂升降由单独电动机拖动，要求能实现正、反转。

　　摇臂的夹紧与放松以及立柱的夹紧与放松由一台异步电动机配合液压装置来完成，要求这台电动机能正、反转。摇臂的回转和主轴箱的径向移动在中小型摇臂钻床上都采用手动。

　　钻削加工时，为对刀具及工件进行冷却，需由一台冷却泵电动机拖动冷却泵输送冷却液。

【引导 3】 Z35 型摇臂钻床控制电路的分析

钻床的电气控制电路，分为主电路、控制电路及照明指示电路 3 部分。Z35 型钻床电气控制原理图如图 4-9 所示。

1. 主电路分析

Z35 型摇臂钻床有 4 台电动机。即冷却泵电动机 M_1、主轴电动机 M_2、摇臂升降电动机 M_3、立柱夹紧与松开电动机 M_4。

为满足攻螺纹工序，要求主轴能实现正、反转，而主轴电动机 M_2 只能正转，主轴的正、反转是采用摩擦离合器来实现的。

摇臂升降电动机能正、反转控制，当摇臂上升（或下降）到达预定的位置时，摇臂能在电气和机械夹紧装置的控制下，自动夹紧在外立柱上。

摇臂的套筒部分与外立柱是滑动配合，通过传动丝杠，摇臂可沿着外立柱上下移动，但不能做相对回转运动，而摇臂与外立柱可以一起相对内立柱作 360° 的回转运动。外立柱的夹紧、放松是由立柱夹紧放松电动机 M_4 的正、反转并通过液压装置来进行的。

冷却泵电动机 M_1 供给钻削时所需的冷却液。

2. 控制电路分析

（1）主轴电动机 M_2 的控制

将十字开关 SA_3 扳在左边的位置，这时 SA_3 仅有左面的触点闭合，使零压继电器 KV 的线圈得电吸合，KV 的常闭触点闭合自锁。再将十字开关 SA_3 扳到右边位置，仅使 SA_3 右面的触点闭合，接触器 KM_1 的线圈得电吸合，KM_1 主触点闭合，主轴电动机 M_2 通电运转，钻床主轴的旋转方向由主轴箱上的摩擦离合器手柄所扳的位置决定。将十字开关 SA_3 的手柄扳回中间位置，触点全部断开，接触器 KM_1 线圈失电释放，主轴停止转动。

（2）摇臂升降电动机 M_3 的控制

当钻头与工件的相对高低位置不合适时，可通过摇臂的升高或降低来调整，摇臂的升降是由电气和机械传动联合控制的，能自动完成从松开摇臂到摇臂上升（或下降）再夹紧摇臂的过程。Z35 型摇臂钻床所采用的摇臂升降及夹紧的电气和机械传动的原理如图 4-10 所示。

如果要摇臂上升，就将十字开关 SA_3 扳到"上"的位置，压下 SA_3 上面的常开触点闭合，接触器 KM_2 线圈得电吸合，KM_2 的主触点闭合，电动机 M_3 通电正转。由于摇臂上升前还被夹紧在外立柱上，所以电动机 M_3 刚起动时，摇臂不会立即上升，而是通过两对减速齿轮带动升降丝杠转动；开始时由于升降螺母未被传动条锁住，因此丝杠只带动升降螺母一起空转，摇臂不能上升，只是辅助螺母带着传动条沿丝杠向上移动，推动拨叉，带动扇形压紧板，使夹紧杠杆把摇臂松开。在拨叉转动的同时，齿条带动齿轮转动，使连接在齿轮上的鼓形转换开关 SQ_2（3-6）闭合，为摇臂上升后的夹紧做好准备。鼓形转换开关如图 4-11 所示。当辅助螺母带着传动条上升到升降螺母与摇臂锁紧的位置时，升降螺母带动摇臂上升，当摇臂上升到所需的位置时，将十字开关 SA_3 扳到中间位置，SA_3 上面触点复位断开电路，接触器 KM_2 线圈失电释放，电动机 M_3 断电停转，摇臂也停止上升。由于摇臂松开时，鼓形转换开关上的常开触点 SQ_2（3-9）已闭合，所以当接触器 KM_2 的常闭连锁触点恢复闭合时，接触器 KM_3 的线圈立即得电吸合，KM_3 的主触点闭合，电动机 M_3 通电反转，升降丝杠也反

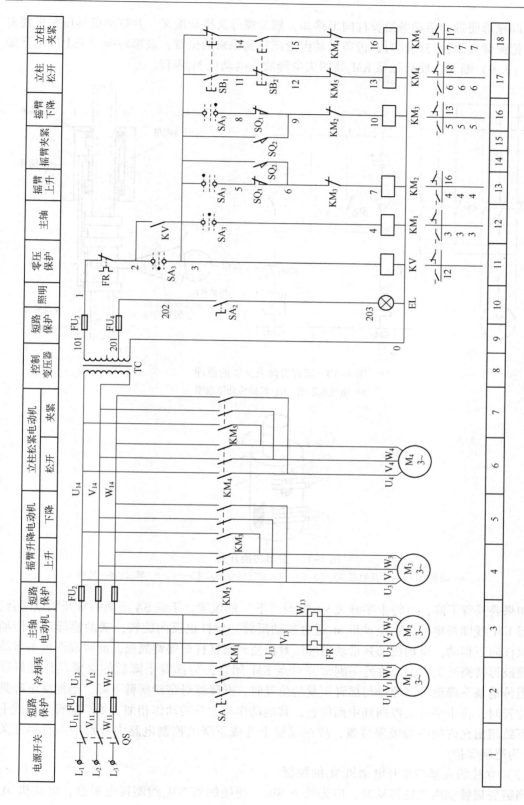

图4-9 Z35型钻床电气控制原理图

转，辅助螺母便带动传动条沿丝杠向下移动，辅助螺母又推动拨叉，并带动扇形压紧板使夹紧杠杆把摇臂夹紧；与此同时，齿条带动齿轮恢复到原来的位置，鼓形转换开关上的常开触点 QS_2（3-9）断开，使接触器 KM_3 线圈失电释放、电动机 M_3 停转。

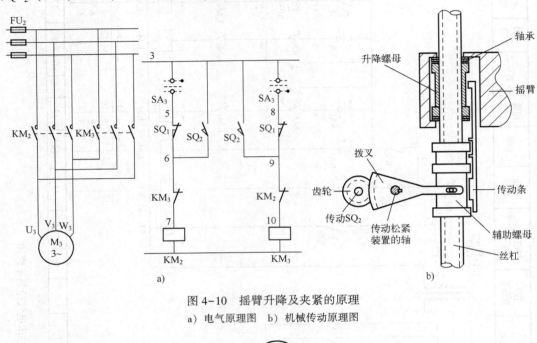

图 4-10　摇臂升降及夹紧的原理
a）电气原理图　b）机械传动原理图

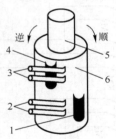

图 4-11　鼓形转换开关
1、4—动触点　2—常开触点 SQ_2（3-6）　3—常开触点 SQ_2（3-9）　5—转鼓　6—转轴

　　如果要摇臂下降，可将十字开关 SA 扳到"下"的位置，于是 SA 下面的常开触点闭合，接触器 KM_3 线圈得电吸合，电动机 M_3 通电起动反转，丝杠也反向旋转，辅助螺母带着传动条沿丝杠向下移动，推动拨叉并带动扇形压紧板使夹紧杠杆把摇臂放松，同时扇形齿条带动齿轮使鼓形转换开关上 SQ_2 的另一副常开触点 KM_2 闭合，为摇臂下降后的夹紧动作做好准备。当传动条下降至升降螺母与摇臂锁紧的位置时，升降螺母带动摇臂下降，当摇臂下降到所需位置时，将十字开关扳回到中间位置，其他动作与上升的动作相似。要求摇臂上升或下降时不致超出允许的终端极限位置，故在摇臂上升或下降的控制电路中分别串入行程开关 SQ_1 作为终端保护。

　　（3）立柱的夹紧与松开电动机 M_4 的控制

　　当需要摇臂绕内立柱转动时，应先按下 SB_1，使接触器 KM_4 线圈得电吸合，电动机 M_4

起动运转，并通过齿式离合器带动齿式液压泵旋转，送出高压油，经油路系统和机械传动机构将外立柱松开；然后松开按钮 SB_1，接触器 KM_4 线圈失电释放，电动机 M_4 断电停转。此时可用人力推动摇臂和外立柱绕内立柱做所需的转动；当转到预定的位置时，再按下按钮 SB_2，接触器 KM_5 线圈得电吸合，KM_5 主触点闭合，电动机 M_4 起动反转，在液压系统的推动下，将外立柱夹紧；然后松开 SB_2，接触器 KM_5 线圈失电释放，电动机 M_4 断电停转，整个摇臂放松—绕外立柱转动—夹紧过程结束。

电路中零压继电器 KV 的作用是当供电电路断电时，KV 线圈失电释放，KV 的常开触点断开，使整个控制电路断电；当电路恢复供电时，控制电路仍然断开，必须再次将十字开关 SA_3 扳至"左"的位置，使 KV 线圈重新得电，KV 常开触点闭合，然后才能操作控制电路，也就是说零压保护继电器的常开触点起到接触器的自锁触点的作用。

（4）冷却泵电动机 M_1 的控制

冷却泵电动机由转换开关 SA 直接控制。

3. 照明和信号电路的分析

照明电路：变压器 TC 将 380 V 电压降到 110 V，供给控制电路，并输出 24 V 电压供低压照明灯使用。

【引导 4】Z35 型摇臂钻床控制电路的选件

1. 熔断器的选择

熔断器的主要技术参数有额定电流（熔断器的额定电流、熔体的额定电流）、极限分断能力等。例如，用于保护小容量的照明电路和电动机的熔断器，一般是考虑它们的过电流保护，这时，希望熔体的熔化系数适当小些，应采用熔体为铅锡合金的熔丝或 RC1A 系列熔断器；而大容量的照明电路和电动机，除考虑过电流保护外，还要考虑短路时的分段短路电流的能力，若预期短路电流较小时，可采用熔体为铜质的 RC1A 系列和熔体为锌质的 RM10 系列熔断器。

因 RL 系列熔断器具有较高的分段能力和较小的安装面积，常用于机床控制电路中，故 Z35 摇臂钻床电气控制电路中的熔断器均采用 RL 系列。

2. 热继电器的选择

热继电器主要作用是电动机的过载保护，所以应按电动机的工作环境、起动情况、负载性质等因素来考虑。

1）热继电器机构形式的选择。星形接法的电动机可选用两相或三相结构的热继电器；三角形接法的电动机应选用带断电保护装置的三相结构的热继电器。

2）根据被保护电动机的实际起动时间，选择 6 倍额定电流下具有相应可返回时间的热继电器。一般热继电器的可返回时间大约为 6 倍额定电流下动作时间的 50% ~ 70%。

3）对于重复短时间工作的电动机，由于电动机不断重复温升，热继电器双金属片的温升跟不上电动机绕组的温升，电动机将得不到可靠的过载保护。因此，不宜采用双金属片热继电器，而采用过电流继电器或能反映绕组实际温度的温度继电器进行保护。

根据以上依据应选用 JRS1-25/Z 型号的热继电器。

3. 接触器的选择

接触器的基本参数有额定电流和额定功率两种，但其使用性能又随使用条件不同而变化，因此选型时，还应充分考虑具体的使用条件。

根据使用类别选用相应产品系列，交流接触器使用类别分为 AC-0～AC-4 五类。

AC-0 类适用于感性负载或阻性负载，接通和分断额定电压和额定电流。

AC-1 类适用于起动和运转中断开绕线转子电动机。在额定电压下，能够接通和分断 2.5 倍额定电流。

AC-2 类用于起动、反接制动、反向通断绕线型电动机。在额定电压下，接通和分断 2.5 倍额定电流。

AC-3 类用于起动和运转中断开笼型感应电动机。在额定电压下接通 6 倍额定电流，在 1.75 倍额定电压下分断额定电流。

AC-4 类用于起动、反接制动、反向通断笼型电动机。在额定电压下，接通和分断 6 倍额定电流。

接触器产品系列是使用类别设计的。所以，应首先根据接触器负担的工作项目来选择相应的使用类别。若电动机承担一般项目，其控制接触器可选 AC-3 类；若承担重项目，应选 AC-4 类；若后一情形选用了 AC-3 类，则应降级使用，即使如此，其寿命仍有不同程度的降低。如用 AC-3 类接触器来带动与 AC-4 类相对应的负载，且在负载率为 100%，额定功率不降低的情况下，其寿命仅为原来寿命的 2%。

直流接触器工作类别有 DC-1～DC-4 四种，其具体选择方法与交流接触器相同。

根据以上依据，该摇臂钻床电气控制电路中所用到的接触器选择 AC-4 类接触器。

4. 刀开关的选择

按刀开关的用途及安装要求选用不同的投切方式（单投、双投）和操作方式（中央手柄操作、侧面手柄操作、中央正面杠杆操作、侧面杠杆操作和旋转式操作等）。其中用手柄式的操作者不能切断负荷电流，用杠杆式的操作者可切断一定的负荷电流，用旋转式的操作者可切断 250%～600% 的负荷电流。

刀开关的 1 s 热稳定电流有效值和电动稳定电流峰值必须与所在电路短路条件下的热、动稳定相适应。为了防止导致相邻电器或回路发生短路飞弧，通过刀开关的全短路电流峰值不能超过其极限保安电流峰值。

刀开关常用于额定容量小于 7.5 kW 的异步电动机，当用于起动异步电动机时，其额定电流要不小于电动机额定电流的三倍。

根据电源种类、电压等级、电动机容量，所需级数及使用场合等进行综合考虑，选用 HH3-100/3 型三相刀开关，额定电流 100 A，熔体额定电流 80 A，基本尺寸为 209.5 mm× 92 mm×68。

5. 按钮的选择

根据需要的触点数目、动作要求、使用场合和颜色等进行按钮的选择。本设计中，十字开关 SA 选用型号 LS1-1。

SB1 选用 LA19-11B 型，颜色为红色；SB2 选择 LA19-11B 型，颜色为绿色。

6. 控制变压器的选择

根据 Z35 摇臂钻床电气控制电路中控制电路对电源的需求，机床控制、照明电路为安全起见，通常选用较小的电压，从经济，应用场合来看，应该选择小型变压器，变压器的容量通常是由二次侧负载功率所决定的。所以其额定容量应略大于二次侧各负载功率之和。

7. 指示灯的选择

电路中所选指示灯的型号为 AD1-22/11，结构形式为直接式，额定电压为 6 V，灯头型号为 XZ8-1W、E10/13。

| 学习活动五 | 项目实施 |

1. 实施内容

1）对 Z35 型摇臂钻床控制电路所用的元器件进行分辨和检测。

2）根据电气原理图找出每个元器件在电路板上的位置，并画出安装配线工艺图。

3）按照工艺要求连接控制电路。

2. 工具、仪表及器材

1）工具：测电笔、螺钉旋具、尖嘴钳、斜口钳、剥线钳、电工刀等电工常用工具。

2）仪表：绝缘电阻表、钳形电流表、万用表。

3）元器件：交流电动机、熔断器、断路器、交流接触器、按钮、端子板、紧固体和编码套管、导线等。

3. 实施步骤

1）按表配齐所用的电器元件，并检查元器件质量。

2）根据电路图分析布置图，然后在控制板上合理布置和牢固安装各电器元件，并贴上醒目的文字符号。

3）在控制板上根据电路图进行正确布线和套编码套管。

4）安装交流电动机。

5）连接控制板外部的导线。

6）自检。

7）检查无误后通电试车。认真分析电路的控制要求及特点。

4. 调试训练

1）自检。调试之前用工具对控制电路和主电路先进行初步自我检查。

2）教师示范调试。教师进行示范调试时，可把下述检查步骤及要求贯穿其中，直至调试成功。如果第一次没有调试成功，可以用试验法来观察现象→用逻辑分析法缩小故障范围，并在电路图上用虚线标出可能出现问题部位的最小范围→用测量法正确迅速地找出问题点→修复→再通电试车。

3）学生调试训练。教师示范调试后，再由各组长带领小组成员进行调试训练。在学生调试的过程中，教师要巡回进行启发性的指导。

5. 注意事项

安装注意事项：

1）通电试车前要认真检查接线是否正确、牢靠；各电器动作是否正常，有无卡阻现象。

2）若遇异常情况，应立即断开电源停车检查。若带电检查，必须有指导教师在现场监护。

3）训练应在规定的定额时间内完成，同时要做到安全操作和文明生产。

调试注意事项：

1）要认真听取和仔细观察指导教师在示范过程中的讲解和调试操作。
2）要熟练掌握电路图中各个环节的作用。
3）调试过程的分析、排除问题的思路和方法要正确。
4）工具和仪表使用要正确。
5）不能随意更改电路和带电触摸电器元件。
6）带电时，必须有教师在现场监护，并要确保用电安全。
7）调试必须在规定的时间内完成。

学习活动六　　　　　　　　　成果展示并汇报

项目实施完毕后，请其中两个小组的组长来展示一下各自团队的成果，并请本组成员进行记录，把记录内容填到下面的表 4-2 中。

表 4-2　展示板

汇报人员	电路展示图	展示内容分析

学习活动七　　　　　　　　　项目评价

本项任务的评价标准如表 4-3 所示。任务评价由学生自评、小组互评与教师评价相结合，其中学生自评占总成绩的 20%、小组互评占总成绩的 30%、教师评价占总成绩的 50%。

表 4-3　评价标准

考核项目	考核内容	考 核 要 求	评分要点及得分 （最高为该项配分值）	配分	得分		
					自评	互评	师评
职业能力	电路设计	1. 理解电气控制系统的控制特点与实现方法，能够根据提出的电气控制要求，正确绘出继电器－接触器电气控制系统原理图 2. 各电器元件的图形符号及文字符号要求按照国标符号绘制 3. 能够根据电气原理图列出主要元器件明细表	1. 主电路设计 1 处错误扣 5 分 2. 控制电路设计 1 处错误扣 5 分 3. 图形符号画法有误，每处扣 1 分 4. 元器件明细表有误，每处扣 2 分	30			

（续）

考核项目	考核内容	考核要求	评分要点及得分（最高为该项配分值）	配分	得分		
					自评	互评	师评
职业能力	元器件安装	1. 按图样的要求，正确使用工具和仪表，熟练安装电器元件 2. 元件在配电板上布置要合理，安装要准确、紧固 3. 按钮盒不固定在控制板上	1. 元器件布置不整齐、不匀称、不合理，每个扣1分 2. 元器件安装不牢固、安装元器件时漏装螺钉，每只扣1分 3. 损坏元器件，每只扣2分 4. 走线槽板布置不美观、不符合要求，每处扣2分	10			
	电路安装	1. 电路安装要求美观、紧固、无毛刺，导线要进行线槽 2. 电源和电动机配线、按钮接线要接到端子排上，进出线槽的导线要有端子标号	1. 接线要符合安全性、规范性、正确性、美观性，接线不进行线槽，不美观，有交叉线，每处扣1分；接点松动、露铜过长、反圈、压绝缘层，标记线号不清楚、遗漏或误标，每处扣1分 2. 损伤导线绝缘或线芯，每根扣1分 3. 导线颜色、按钮颜色使用错误，每处扣2分	30			
	通电模拟调试	1. 根据所给电动机容量，正确选择熔断器熔体；正确整定热继电器的整定电流值 2. 在保证人身和设备安全的前提下，通电模拟调试成功，电气控制电路符合控制要求 3. 观察电路工作现象并判断正确与否	1. 主、控电路配错熔体，每个扣1分；热继电器整定电流值错误，每处扣2分 2. 熟悉调试过程，调试步骤一处错误扣3分 3. 能在调试过程中正确使用万用表，根据所测数据判断电路是否出现故障，否则每处扣2分 4. 一次试车不成功扣5分；二次试车不成功扣10分；三次试车不成功扣15分	15			
职业素质	安全文明操作	1. 劳动保护用品穿戴整齐，电工工具佩带齐全 2. 安全、正确、合理使用电器元器件 3. 遵守安全操作规程	1. 未做相应的职业保护措施，扣2分 2. 损坏元件一次，扣2分 3. 引发安全事故，扣5分	5			
	团队协作精神	1. 尊重指导教师与同学，讲文明礼貌 2. 分工合理、能够与他人合作、交流	1. 分工不合理，承担任务少，扣5分 2. 小组成员不与他人合作，扣3分 3. 不与他人交流，扣2分	5			
	劳动纪律	1. 遵守各项规章制度及劳动纪律 2. 训练结束要养成清理现场的习惯	1. 违反规章制度一次，扣2分 2. 不做清洁整理工作，扣5分 3. 清洁整理效果差，酌情扣2～5分	5			
合计				100			

备注	自评学生签字：		自评成绩	
	互评学生签字：		互评成绩	
	指导老师签字：		师评成绩	
	总成绩 （自评成绩×20%＋互评成绩×30%＋教师评价成绩×50%）			

子项目 4.2　Z35 型摇臂钻床控制电路的故障分析及检修

| 学习活动一 | 接受项目，明确要求 |

　　小张跟着车间师傅学习如何使用钻床的过程中，突然钻床的主轴不转了，并且摇臂不能上升了，这可急坏了小王，眼看加工工作不能完成了，那么钻床的故障该如何分析、检修并排除呢？

　　本项目是根据 Z35 型摇臂钻床的故障现象和电气图样利用仪表工具检测电路并分析控制电路中故障点的具体位置，修复电路。

| 学习活动二 | 小组讨论，自主获取信息 |

【信息 1】电压分阶测量法

　　电阻测量法是断电测量，所以比较安全，缺点是测量电阻不准确，特别是寄生电路对测量电阻影响较大。电压测量法准确性高，效率高，缺点是带电测量，有一定的危险性。

　　电压测量法分成电压分阶测量法和电压分段测量法。

　　电压分阶测量法就是以电路某一点为基准点（一般选择起点或终点或接地点）放置一表笔，另一个表笔在回路中依次往下移动测量电压，判别电路是否正常的方法。

　　测量步骤如下：

　　首先接通电源，把万用表扳到电压档。然后逐阶往下移动，测量各个部分的电压值，如图 4-12 所示。当测量到某标号时，若电压值与理论值不同，说明表笔与刚跨过触点或连接处有问题。

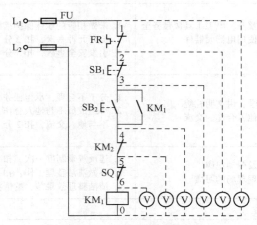

图 4-12　电压分阶测量法

【信息 2】电压分阶测量法检测举例

　　请对图 4-13 电路进行故障检测，注意检测时，接通电源电路，把万用表扳到电压档，按下按钮 SB_2 不放，逐阶测量 1-3、1-5、1-7、1-9、1-11、1-0 的电压值。

　　正常情况下：

1-3 电压为 0；
1-5 电压为 0；
1-7 电压为 0；
1-9 电压为 0；
1-11 电压为 0；
1-0 电压为 110 V。

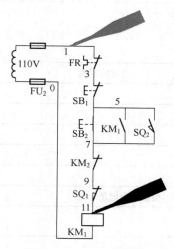

图 4-13　电路故障举例图

请分析 1：如果测量结果如下，可能的故障点在什么部位？
1-3 电压为 0；
1-5 电压为 0；
1-7 电压为 110 V；
1-9 电压为 110 V；
1-11 电压为 110 V；
1-0 电压为 110 V。
故障部位是 5-7。
请分析 2：如果测量结果如下，可能的故障点在什么部位？
1-3 电压为 0；
1-5 电压为 0；
1-7 电压为 0；
1-9 电压为 0；
1-11 电压为 110 V；
1-0 电压为 110 V。
故障部位是 9-11。

学习活动三	小组制订计划

请根据项目要求，结合小组讨论后获取的信息点，小组共同制订本项目的故障排除

记录单，组长作为检修负责人，分派组员为检修人员，并把检修过程填写到记录单中，见表 4-4。

表 4-4　故障排除任务单

<table>
<tr><td colspan="7" align="center">机床故障检修记录单</td></tr>
<tr><td>检修部门</td><td colspan="2"></td><td>检修人员</td><td></td><td>检修人员编号</td><td></td></tr>
<tr><td>机床场地</td><td colspan="2"></td><td>机床型号</td><td></td><td>检修时间</td><td></td></tr>
<tr><td>检修内容</td><td colspan="6"></td></tr>
<tr><td rowspan="6">机床故障分析</td><td colspan="4" align="center">故障现象</td><td colspan="2" align="center">分析故障点</td></tr>
<tr><td colspan="4"></td><td colspan="2"></td></tr>
<tr><td colspan="4"></td><td colspan="2"></td></tr>
<tr><td colspan="4"></td><td colspan="2"></td></tr>
<tr><td colspan="4"></td><td colspan="2"></td></tr>
<tr><td colspan="4"></td><td colspan="2"></td></tr>
<tr><td rowspan="5">机床故障排除</td><td>序号</td><td colspan="3" align="center">检修过程记录</td><td align="center">检修结果</td><td align="center">检修组长意见</td></tr>
<tr><td></td><td colspan="3"></td><td>□正确排除
□未正确排除</td><td></td></tr>
<tr><td></td><td colspan="3"></td><td>□正确排除
□未正确排除</td><td></td></tr>
<tr><td>检修组长测评检修员</td><td colspan="6">□能够分析典型机床电气控制电路的工作原理
□会结合电气原理图和检修工具找出机床的故障点
□可以总结常见故障及故障现象</td></tr>
<tr><td>素质评价</td><td colspan="6">□安全着装　　　　　□规范使用工具　　　　　□遵守实训纪律
□出勤情况（迟到）　□具有团队协作精神　　　□工作态度认真</td></tr>
<tr><td>报修部门验收意见</td><td colspan="6">1. 素质评价（4分）
2. 故障分析（4分）
3. 故障排除（2分）

　　　　　　　　　　　　　　　　　　　　　检修组长签字：
　　　　　　　　　　　　　　　　　　　　　报修负责人签字：
　　　　　　　　　　　　　　　　　　　　　　　年　　月　　日</td></tr>
</table>

学习活动四　　　　　　教师点睛，引导解惑

【引导 1】利用 Z35 型摇臂钻床故障现象分析故障点位置

本电路共设故障 30 处，见表 4-5，请学生利用表中的故障现象分析故障点可能的位置，并把故障点标记到图 4-11 上。

表 4-5　故障现象与故障号对照表

故　障　号	故　障　现　象
1	冷却泵缺相运行
2	控制变压器无法得电，控制电路无法正常工作，液压泵电动机缺相运行

（续）

故 障 号	故 障 现 象
3	液压泵电动机缺相运行
4	指示灯和照明灯正常工作，控制电路无法正常工作
5	照明灯无法正常工作
6	KM$_1$ 不能正常得电，主轴电动机无法正常工作
7	按下 SB$_3$ 摇臂不能正常上升
8	时间继电器 KT 不能正常得电，摇臂不能正常延时夹紧
9	KM$_2$ 不能正常得电，摇臂不能正常上升
10	KM$_2$ 不能正常得电吸合，摇臂不能正常上升
11	KM$_3$ 不能正常得电吸合，摇臂不能正常下降
12	KM$_3$ 不能正常得电吸合，摇臂不能正常下降
13	按下 SB$_5$ 摇臂不能正常放松
14	KM$_4$ 不能正常得电吸合，摇臂不能正常放松
15	KM$_4$ 不能正常得电吸合，摇臂不能正常放松
16	KM$_5$ 不能正常得电吸合，摇臂不能正常夹紧
17	KM$_5$ 不能正常得电吸合，摇臂不能正常夹紧
18	电磁铁不能正常动作
19	电磁铁不能正常延时动作
20	电磁铁不能正常得电工作
21	主轴电动机缺相运行
22	指示灯和照明灯正常工作，控制电路无法正常工作
23	主轴电动机正常，摇臂不能进行控制
24	KM$_1$ 不能正常得电，主轴电动机无法正常工作
25	KM$_1$ 不能正常得电，主轴电动机无法正常工作
26	主轴电动机可以起动，但松手就停，无法正常工作
27	KM$_1$ 不能正常得电，主轴电动机无法正常工作
28	摇臂的夹紧放松不正常
29	立柱的夹紧放松不正常
30	立柱的夹紧放松不正常

【引导 2】用电压分阶测量法对 Z35 型摇臂钻床故障检修

由教师在电气控制电路中自由设置故障点，学生按照电压分阶测量法对钻床进行故障检测，然后输入相应的故障点号，按确定键提交故障点，故障自动排除，考核结束。

学习活动五   **项目实施**

1. 实施内容

1）能够根据 Z35 型摇臂钻床出现的故障现象分析故障点的具体位置。

2）用工具完成 Z35 型摇臂钻床主电路和控制电路若干故障的检查并恢复。

2. 工具、仪表及器材

1）工具：测电笔、螺钉旋具、尖嘴钳、斜口钳、剥线钳、电工刀等电工常用工具。

2）仪表：绝缘电阻表、钳形电流表、万用表。

3）元器件：机床故障板、计算机、紧固体和编码套管、导线等。

3. 实施步骤

1）检查模拟控制板上元器件布置及接线是否合理、正确，对于不合理的、不正确的及时纠正。

2）在通电过程中，指导学生观察各用电器在电路中的动作现象。

3）通电后，小组成员之间随机提问电路中相关电器的作用，及其电路中的相关问题。

4）在教师的指导下，对机床控制电路进行操作，了解机床的各种工作状态及操作方法。

5）在有故障的机床或人为设置自然故障点的机床上，由教师示范检修，边分析、边检修，直至找出故障点及故障排除。

6）由组长设置故障点，小组讨论并练习如何从故障现象着手进行分析，逐步引导学生如何采用正确的检查步骤和检修方法。

7）教师设置故障点，由学生检修。

| 学习活动六 | 成果展示并汇报 |

项目实施完毕后，请其中两个小组的组长来展示一下各自团队的成果，并请本组成员进行记录，把记录内容填到下面的表 4-6 中。

表 4-6　展示板

汇报人员	电路展示图	展示内容分析

| 学习活动七 | 项目评价 |

本项任务的评价标准如表 4-7 所示。任务评价由学生自评、小组互评与教师评价相结合，其中学生自评占总成绩的 20%、小组互评占总成绩的 30%、教师评价占总成绩的 50%。

表 4-7　评价标准

考核项目	考核内容	考 核 要 求	评分要点及得分 （最高为该项配分值）	配分	得分		
					自评	互评	师评
职业能力	故障分析	1. 理解电气控制系统的控制特点与实现方法，能够根据提出的电气控制要求，正确分析电气控制系统原理图 2. 能够根据故障点位置分析故障现象	1. 标不出故障线段或错标在故障回路以外，每个故障点扣 1 分 2. 不能标出最小故障范围，每个故障点扣 1 分 3. 在实际排故分析中思路不清楚，扣 1 分	20			
	故障排除	1. 根据故障现象正确判断故障范围并逐步缩小 2. 在保证人身和设备安全的前提下，进行故障排除并记录	1. 不能排除故障点，每个扣 1 分 2. 扩大故障范围或产生新的故障后不能自行修复，每个扣 2 分；已经修复，每个故障点扣 1 分 3. 损坏电动机扣 3 分 4. 排除故障的方法不正确，每个故障点扣 1 分	30			
职业素质	安全文明操作	1. 劳动保护用品穿戴整齐，电工工具佩带齐全 2. 安全、正确、合理使用电器元件 3. 遵守安全操作规程	1. 未做相应的职业保护措施，扣 2 分 2. 损坏元器件一次，扣 2 分 3. 引发安全事故，扣 5 分	20			
	团队协作精神	1. 尊重指导教师与同学，讲文明礼貌 2. 分工合理、能够与他人合作、交流	1. 分工不合理，承担任务少，扣 5 分 2. 小组成员不与他人合作，扣 3 分 3. 不与他人交流，扣 2 分	15			
	劳动纪律	1. 遵守各项规章制度及劳动纪律 2. 训练结束要养成清理现场的习惯	1. 违反规章制度一次，扣 2 分 2. 不做清洁整理工作，扣 5 分 3. 清洁整理效果差，酌情扣 2~5 分	15			
合计				100			

备注	自评学生签字：		自评成绩	
	互评学生签字：		互评成绩	
	指导老师签字：		师评成绩	
	总成绩 （自评成绩×20%+互评成绩×30%+教师评价成绩×50%）			

项目 5　铣床电路的装调与故障检修

项目教学目标

知识能力： 会分析典型铣床（例如 X62W 型铣床）基本结构、工作过程和电气图。

技能能力： ① 能够根据 X62W 型铣床控制电路正确选择电器元件并安装。

② 会熟练地进行 X62W 型铣床电气控制电路的配盘，并自检后通电调试。

③ 在机床出现故障的情况下，会根据故障现象结合电路图进行故障的诊断与排除。

社会能力： ① 通过团队的合作来完成项目，培养学生的团队协作精神。

② 通过收集资料、制订工作计划来完成项目的实施，形成自主学习、尊重科学、实事求是的科学态度。

③ 在实践中培养学生核心素养，使学生更加适应社会的发展，实现纵深学习、全面发展的目标。

子项目 5.1　X62W 型万能铣床控制电路的安装与调试

学习活动一　　　　　　　　　接受项目，明确要求

某机床装配厂要装配几台 X62W 型万能铣床，主要用来加工平面、沟槽，也可以加工各种曲面、齿轮等，小李跟着车间师傅学习认识铣床以及如何安装与调试铣床的电气控制电路。

本项目是根据 X62W 型万能铣床的电气原理图合理选择电器元件、利用工具安装铣床电气控制电路并上电调试。

学习活动二　　　　　　　　　小组讨论，自主获取信息

【信息 1】多地控制控制电路的分析

所谓多地控制，是指能够在两个或多个不同的地方对同一台电动机的动作进行控制。在一些大型机床设备中，为了工作人员操作方便，经常采用多地控制方式，即在机床的不同位置各安装一套起动和停止按钮，在两个地方控制电动机的起动和停止。如万能铣床控制主轴电动机起动、停止的两套按钮，分别装在床身上和升降台上。

1. 单向连续运转两地控制电路分析

图 5-1 所示为常见的三相交流异步电动机单向连续运转两地控制电路，图中 SB_{11}、SB_{12} 为安装在甲地的起动按钮和停止按钮；SB_{21}、SB_{22} 为安装在乙地的起动按钮和停止按钮。

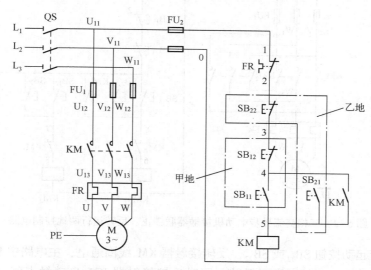

图 5-1　三相交流异步电动机单向连续运转两地控制电路

电路工作原理：

电动机起动时，合上电源开关 QS，按下起动按钮 SB_{11} 或 SB_{21}，接触器 KM 线圈通电，主电路中 KM 三对常开主触点闭合，三相交流异步电动机 M 通电运转，控制电路中 KM 自锁触点闭合，实现自锁，保证电动机连续运转。

电动机停车时，按下停止按钮 SB_{12} 或 SB_{22}，接触器 KM 线圈断电，主电路中 KM 三对常开主触点恢复断开，三相交流异步电动机 M 断电停止运转，控制电路中 KM 自锁触点恢复断开，解除自锁。

2. 正、反转运行两地控制电路的分析

图 5-2 所示为三相交流异步电动机接触器联锁正、反转运行两地控制电路，图中 KM_1 为正转接触器，KM_2 为反转接触器，SB_{11}、SB_{12} 和 SB_{13} 为安装在甲地点的正转起动按钮、反转起动按钮和停止按钮；SB_{21}、SB_{22} 和 SB_{23} 为安装在乙地点的正转起动按钮、反转起动按钮和停止按钮。

电路工作原理：

电动机起动时，合上电源开关 QS，按下正转起动按钮 SB_{11} 或 SB_{21}，正转接触器 KM_1 线圈通电，主电路中 KM_1 的三对常开主触点闭合，三相异步电动机通电正转，同时正转接触器 KM_1 自锁触点闭合，实现正转自锁；KM_1 的联锁触点断开，实现对反转控制接触的 KM_2 的联锁。

此时按下停止按钮 SB_{13} 或 SB_{23}，正转接触器 KM_1 线圈断电，主电路 KM_1 的三对常开主触点复位，电动机断电停止，同时正转接触器 KM_1 自锁触点也恢复断开，解除正转自锁；KM_1 的联锁触点恢复闭合，解除对反转控制接触的 KM_2 的联锁。

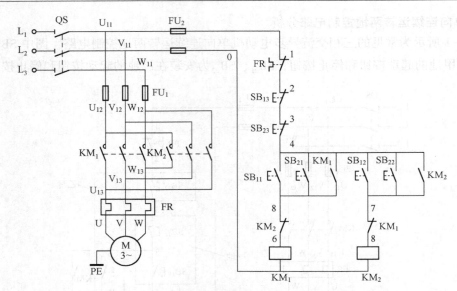

图 5-2 三相交流异步电动机接触器联锁正、反转运行两地控制电路

再按下反转起动按钮 SB_{12} 或 SB_{22}，反转接触器 KM_2 线圈通电，主电路中 KM_2 的三对常开主触点闭合，电动机改变相序实现反转，同时反转接触器 KM_2 自锁触点闭合，实现反转自锁；KM_2 的联锁触点断开，实现对正转控制接触的 KM_1 的联锁。

通过对以上两个多地控制电路工作原理的分析，不难看出，多地控制电路有一个重要的接线原则，就是控制同一台电动机的几个起动（常开）按钮相互并连接在控制电路中，几个停止（常闭）按钮要相互串连接于控制电路中，即多地控制的原则为：起动（常开）按钮并联，停止（常闭）按钮串联。

【信息 2】 调速控制电路的分析

三相交流异步电动机的电气调速控制方法包括如下几种。

1. 变极调速

变极调速是指在电源频率不变的条件下，改变电动机的极对数，电动机的同步转速就会发生变化，从而改变电动机的转速。若极对数减少一半，同步转速就提高一倍，电动机转速也几乎升高一倍，所以变极调速不能实现转速的平滑无级调节。

变极调速只适用于三相笼型交流异步电动机，因为在定子绕组变极的同时，转子的极数也要相应改变，才能产生恒定的转矩。三相笼型交流异步电动机转子的极数能够随定子极数的改变而自动改变，但是三相绕线型异步电动机的转子却不能。

利用变极调速这种方法时，定子绕组要特殊设计。通常用改变定子绕组的连接方式来改变极对数，这种电动机称多速电动机。其转子均采用笼型转子，其转子感应的极对数能自动与定子相适应。电动机在制造时，从定子绕组中抽出一些线头，以便于使用时调换。

下面以 U、V、W 三相绕组中的 U 相绕组为例来说明变极调速的原理。

先将 U 相绕组的两个半相绕组 $\alpha_1 x_1$ 与 $\alpha_2 x_2$ 采用顺向串联，会产生两对磁极，如图 5-3 所示。

若将 U 相绕组中的一个半相绕组 $\alpha_2 x_2$ 反向，或者两个半相绕组 $\alpha_1 x_1$ 与 $\alpha_2 x_2$ 采用并联连接方式，则会产生一对磁极，如图 5-4 所示。

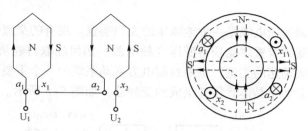

图 5-3　三相四极电动机定子 U 相绕组

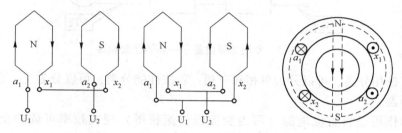

图 5-4　三相两极电动机定子 U 相绕组

由此可知，电动机会有两个转速，即极对数为 2 时低速运行，极对数为 1 时高速运行。

变极调速主要用于各种机床及其他设备上，其优点是可以适应不同负载性质的要求，所需设备简单、体积小、质量轻，但电动机绕组引出头较多，调速级数少，级差大，不能实现无级调速。

变极调速是本项目学习的重点内容。

2. 变频调速

三相异步电动机的同步转速为 $n = 60f_1/p$（f_1 为电源频率，p 为极对数），改变三相异步电动机的电源频率，可以改变旋转磁场的同步转速，达到调速的目的。

三相异步电动机的每相电压 U 为 $4.44f_1N_1\Phi_m$，若电源电压 U_1 不变，当降低电源频率 f_1 调速时，则磁通 Φ_m 将增加，使铁心饱和，从而导致励磁电流和铁损耗的大量增加，电动机温升过高等，这是不允许的。因此在变频调速的同时，为保持磁通 Φ_m 不变，就必须降低电源电压。

额定频率称为基频，变频调速时，可以从基频向上调，也可以从基频向下调。

（1）从基频向下变频调速

降低电源频率时，必须同时降低电源电压。保持 U_1/f_1 为常数，则 Φ_m 为常数，这是恒转矩调速方式。降低电源频率 f_1 调速的人为机械特性特点为：同步转速 n 与 f_1 成正比，最大转矩 T_{max} 不变，转速降落 $\Delta n =$ 常数，特性斜率不变（与固有机械特性平行），机械特性较硬，在一定静差率的要求下，调速范围宽，而且稳定性好，由于频率可以连续调节，因此变频调速为无级调速，平滑性好，效率较高。

（2）从基频向上调变频调速

升高电源电压（$U_1 > U_N$）是不允许的。因此，升高频率向上调速时，只能保持电压为 U_N 不变，频率越高，磁通 Φ_m 越低，这种方法是一种降低磁通的方法，类似他励直流电动机弱磁升速情况。保持 U_N 不变升速，近似为恒功率调速方式。

（3）变频电源

异步电动机变频调速的电源是一种能调压的变频装置。现有的交流供电电源都是恒压恒频的，所以只有通过变频装置才能获得变压变频电源。如何能取得经济、可靠的变频电源，是实现异步电动机变频调速的关键，也是目前电力拖动系统的一个重要发展方向。目前，多采用由晶闸管或自关断功率晶体管器件组成的变频器，如图 5-5 所示。

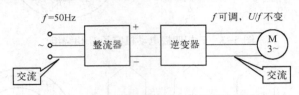

图 5-5 专用变频设备——晶体管变频器

变频器若按相分类，可以分为单相和三相；若按性能分类，可以分为交—直—交变频器和交—交变频器。

变频器的作用是将直流电源（可由交流经整流获得）变成频率可调的交流电（称为交—直—交变频器）或是将交流电源直接转换成频率可调的交流电（交—交变频器），以供给交流负载。

变频调速由于其调速性能优越，能平滑调速、调速范围广、效率高，又不受直流电动机换向带来的转速与容量的限制，故已经在很多领域获得广泛应用：如轧钢机、工业水泵、鼓风机、起重机、纺织机、球磨机及家用空调器等方面。主要缺点是系统较复杂、成本较高。

3. 改变转差率调速

改变定子电压调速、转子电路串电阻调速和串级调速都属于改变转差率调速。这些调速方法的共同特点是在调速过程中都产生大量的转差功率。前两种调速方法都是把转差功率消耗在转子电路里，很不经济，而串级调速则能将转差功率加以吸收或大部分反馈给电网，提高了经济性能。

（1）改变定子电压调速

改变电源电压调速，这种方法主要应用于三相笼型异步电动机，当定子电压调速（通风机负载）加在三相笼型异步电动机定子绕组上的电压发生改变时，它的机械特性曲线如图 5-6 所示，这是一组临界转速（临界转差率）不变，而最大转矩随电压的平方而下降的曲线。对于恒转矩负载（图中虚线 2），不难看出，其调速范围很窄，实用价值不大，但对于通风机负载，其负载转矩 T_L 随转速的变化关系如图中虚线 1 所示，可见其调速范围（对应于 a、a'、a'' 点的转速）较宽。因此，目前大多数的电风扇都采用串电抗器调速或采用晶闸管交流调压电路来实现。

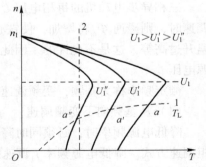

图 5-6 三相笼型异步电动机改变
定子电压调速（通风机负载）
机械特性曲线

（2）转子串电阻调速

此法用于绕线式异步电动机上，调速原理与串电阻起动一样，改变串入转子绕组中的电阻大小，电动机即在对应的转速下运行。调速电阻的切除通常也用凸轮控制器来控制。转子串电阻调速的优点是方法简单，并可在一定范围内进行调速。缺点是调速电阻上有一定的能量损耗，主要用于中、小容量的绕线转子异步电动机，如运输、起重机等。

（3）串级调速

所谓串级调速，就是在异步电动机的转子回路串入一个三相对称的附加电动势 E_f，其频率与转子电动势 E_n 相同，改变 E_f 的大小和相位，就可以调节电动机的转速。此种方法适用于绕线式异步电动机，靠改变转差率 s 调速。

串级调速性能比较好，过去由于附加电势 E_f 的获得比较难，长期以来没能得到推广。近年来，随着晶闸管技术的发展，串级调速有了广阔的发展前景。现已日益广泛用于水泵和风机的节能调速，应用于不可逆轧钢机、压缩机等很多生产机械。

在这几种调速方法中，采用异步电动机配机械变速系统有时可以满足调速需求，但传动系统结构复杂，体积大；变极调速控制最简单，价格便宜，但不能无级调速，被广泛应用在普通中小型设备上；变频调速控制最复杂，但性能最好，随着其成本日益降低，目前已广泛应用于工业自动控制领域中。

在电源频率不变的条件下，改变电动机的极对数，电动机的同步转速就会发生变化，从而改变电动机的转速。通常变极调速是通过改变定子绕组的连接方式来实现的，它是有级调速，且只适用于笼型异步电动机。

凡磁极对数可以改变的电动机，称为多速电动机，常见的多速电动机有双速、三速、四速等几种类型，其绕组与一般异步电动机有所不同。多速电动机的定子绕组在不同转速时有不同的连接方式，一般采用控制电路实现对其高低速的起动及运行中的高低速转换。

4. 双速异步电动机的控制电路分析

双速异步电动机是变极调速中最常见的一种形式，即通过改变电动机定子绕组的连接方式，来获得不同的磁极数，使电动机同步转速发生变化，从而达到电动机调速的目的。双速异步电动机的连接形式有两种：丫–丫丫和△–丫丫。这两种形式都能使电动机极数减少一半。图 5-7 所示为双速电动机三相绕组连接图。

三相绕组连接成一个闭合三角形，由三个连接点引出三个接线端 1、2、3，从每相绕组的中点各接出一个出线端 4、5、6，所以定子绕组共有 6 个出线端。当把三相交流电源分别接到定子绕组的出线端 1、2、3 上，另外三个出线端 4、5、6 空着不接，此时电动机定子绕组接成三角形，磁极为 4 极，同步转速为 1500 r/min，这是一种低速接法。当把三个出线端 1、2、3 并接在一起，另外三个出现端 4、5、6 分别接到三相交流电源上，此时电动机定子绕组接成双星形，磁极为 2 极，同步转速为 3000 r/min，这是一种高速接法。三相异步电动机转子的转速略小于同步转速，双速异步电动机高速运转时的转速几乎是低速运转时转速的两倍。如图 5-7a 所示为三角形（四极，低速）与双星形（二极，高速）接法。

三相绕组的尾端连接成一个星点，首端引出三个接线端 1、2、3，从每相绕组的中点各接出一个出线端 4、5、6，所以定子绕组共有 6 个出线端。当把三相交流电源分别接到定子绕组的出线端 1、2、3 上，另外三个出线端 4、5、6 空着不接，此时电动机定子绕组接成单星形，磁极为 4 极，同步转速为 1500 r/min，这是一种低速接法。当把三个出线端 1、2、3 并接在一起，另外三个出现端 4、5、6 分别接到三相交流电源上，此时电动机定子绕组接成双星形，磁极为 2 极，同步转速为 3000 r/min，这是一种高速接法。三相异步电动机转子的转速略小于同步转速，双速异步电动机高速运转时的转速几乎是低速运转时转速的两倍。如图 5-7b 所示为星形（四极，低速）与双星形（二极，高速）接法。

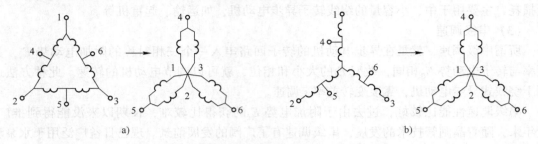

图 5-7　双速异步电动机定子绕组连接示意图

a）三角形接法　b）双星形接法

注意：当变极前后绕组与电源的接线如图 5-7 所示时，变极前后电动机转向相反，因此，若要使变极后电动机保持原来转向不变，应调换电源相序。如图 5-8 所示。

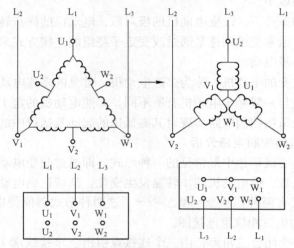

图 5-8　双速异步电动机定子绕组接线图

（1）由转换开关选择低、高速转换的双速电动机控制电路

如图 5-9 所示，为转换开关 SA 选择电动机低、高速的双速控制电路。图中转换开关 SA 断开时选择低速；SA 闭合时选择高速。

电路工作原理：

合上电源开关 QS。低速运行时，将转换开关 SA 置于断开位置，此时时间继电器 KT 未接入电路，接触器 KM_2、KM_3 无法接通。按下起动按钮 SB_2，接触器 KM_1 线圈通电，自锁触点闭合，实现自锁，KM_1 主触点接通三相交流电源，电动机三角形联结低速起动，低速运行。

高速运行时，将转换开关 SA 置于闭合位置，电动机实现低速起动、高速运行。按下起动按钮 SB_2，接触器 KM_1 线圈、时间继电器 KT 线圈同时通电。KM_1 线圈通电，自锁触点闭合，实现自锁，KM_1 主触点接通三相交流电源，电动机低速起动运行。KT 为通电延时型时间继电器，因此当 KT 线圈通电，时间继电器开始计时。当时间继电器延时结束时，KT 的延时断开的常闭触点先断开，切断 KM_1 线圈回路，电动机处于暂时断电，自由停车状态；KT 的延时闭合的常开触点后闭合，同时接通 KM_2、KM_3 线圈回路，电动机绕组由三角形联结转为双星形联结，即实现高速运行。

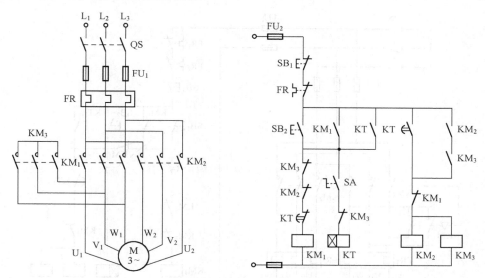

图 5-9　由转换开关选择低、高速转换的双速电动机控制电路

停止运行时，按下停止按钮 SB_1，各个通电的继电器断电，其触点复位，电动机断电停转。

由上述分析可知，为了保证双速电动机运行稳定，减少起动时的冲击电流，故在起动运行时一般遵循如下运行要求：

低速运行时，低速起动、低速运行；

高速运行时，低速起动、高速运行。

（2）按时间原则实现自动控制的双速电动机控制电路

在图 5-9 所示电气控制电路中，电动机在低速运行时可用转换开关直接切换到高速运行，但不能从高速运行直接用转换开关切换到低速运行，必须先按停止按钮后，再进行低速运行操作。当电动机经常需要由高速切换到低速运行时，很显然操作起来就不太方便。

在图 5-10 所示电气控制电路中，通过两个起动按钮，分别控制电动机的低速运行与高速运行，可以完成电动机由低速切换到高速，并且可以直接实现由高速切换到低速运行。

电路工作原理：

合上电源开关 QS。低速运行时，按下起动按钮 SB_1，接触器 KM_1 线圈通电，常闭触点断开，实现对 KM_2 与 KM_3 的联锁；自锁触点闭合，实现自锁；KM_1 主触点接通三相交流电源，电动机△接低速起动，低速运行。

高速运行时，按下起动按钮 SB_2，接触器 KM_1 线圈、时间继电器 KT 线圈同时通电。KM_1 线圈通电，常闭触点断开，实现对 KM_2 与 KM_3 的联锁；自锁触点闭合，实现自锁，KM_1 主触点接通三相交流电源，电动机低速起动运行。KT 为通电延时型时间继电器，因此当 KT 线圈通电，时间继电器开始计时，同时，KT 瞬时动作的常开触点 KT_{1-1} 闭合，实现对 KT 线圈的自锁；当时间继电器延时结束时，KT 的延时断开的常闭触点 KT_{1-2} 先断开，切断

KM₁ 线圈回路，电动机处于暂时断电，自由停车状态；KT 的延时闭合的常开触点 KT₁₋₃ 后闭合，同时接通 KM₂、KM₃ 线圈回路，电动机绕组由三角形联结转为双星形联结，即实现高速运行。

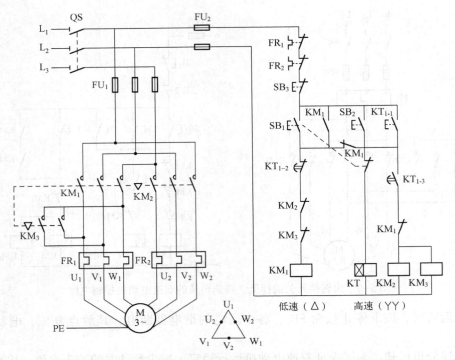

图 5-10　按时间原则控制自动控制的双速电动机控制电路

当电动机高速运行时，可以直接按下低速起动按钮 SB₁，其常闭触点先断开，使 KT 线圈断电，KT 各触点复位，KM₂、KM₃ 线圈断电，各触点复位；SB₁ 的常开触点后闭合，使 KM₁ 线圈得电，电动机绕组由双星形联结转为三角形联结，即直接由高速运行转为低速运行。

电动机停止运行时，按下停止按钮 SB₁，各个通电的继电器断电，其触点复位，电动机断电停转。

5. 三速异步电动机的控制电路分析

三速异步电动机同双速异步电动机一样，也是通过改变电动机定子绕组的联结方式，来获得不同的磁极数，使电动机同步转速发生变化，从而达到电动机调速的目的。经常采用的方法是三角形—星形—双星形联结，如图 5-11 所示。

三速笼型异步电动机定子绕组的结构与双速笼型异步电动机定子绕组的结构不同，三速笼型异步电动机定子槽嵌有两套绕组，第一套绕组（双速）有七个出线端 U₁、V₁、W₁、U₃、U₂、V₂、W₂，可做三角形或双星形联结；第二套绕组（单速）有三个出线端 U₄、V₄、W₄，只做星形联结，其结构如图 5-11a 所示。

定子绕组的三角形接线：当把三相交流电源分别接到定子绕组的出线端 U₁、V₁、W₁ 上，U₃ 与 W₁ 连接在一起；另外 6 个出线端空着不接，如图 5-11b 所示，此时电动机定子绕组接成三角形，这是一种低速接法。

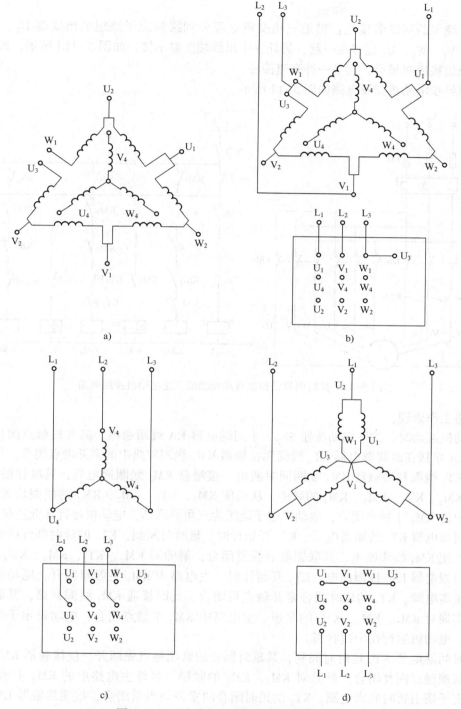

图 5-11 三速异步电动机定子绕组接线图

a) 两套变极绕组 b) 三角形联结 c) 星形联结 d) 双星形联结

定子绕组的星形接线：当只把三个出线端 U_4、V_4、W_4 分别接到三相交流电源上，另外 7 个出线端空着不接，如图 5-11c 所示，此时电动机定子绕组接成星形，这是一种中速接法。

定子绕组的双星形接线：当把三相交流电源分别接到定子绕组的出线端 U_2、V_2、W_2 上，U_1、V_1、W_1、U_3 连接在一起，另外 3 个出线端空着不接，如图 5-11d 所示，此时电动机定子绕组接成双星形，这是一种高速接法。

三速异步电动机控制电路如图 5-12 所示。

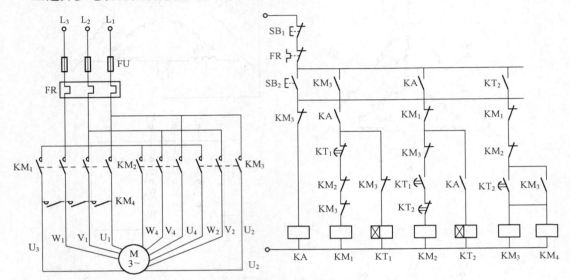

图 5-12　按时间原则控制自动控制的三速电动机控制电路

电路工作原理：

电动机起动时，按下起动按钮 SB_2，中间继电器 KA 线圈通电，其自锁触点闭合，实现自锁。KA 串接在时间继电器 KT_1 线圈和接触器 KM_1 线圈回路中的常开触点闭合，使得时间继电器 KT_1 线圈和接触器 KM_1 线圈同时通电。接触器 KM_1 线圈通电后，其联锁触点断开，实现对 KM_2、KT_2、KM_3、KM_4 的联锁，从而使 KM_2、KT_2、KM_3、KM_4 的线圈均无法得电。主电路中的 KM_1 主触点闭合，电动机定子绕组为三角形联结，电动机运行在低速状态。

时间继电器 KT_1 线圈通电后，KT_1 开始计时。延时时间到，KT_1 的延时断开的常闭触点先断开，使 KM_1 线圈断电，其联锁触点恢复闭合，解除对 KM_2、KT_2、KM_3、KM_4 的联锁，使得时间继电器 KT_2 线圈通电，KT_2 开始计时，主电路中 KM_1 主触点断开，电动机定子绕组暂时脱离电源。KT_1 的延时闭合常开触点后闭合，此时接通 KM_2 线圈回路，其联锁触点断开，实现对 KM_1、KM_3、KM_4 的联锁。主电路中 KM_2 主触点闭合，电动机定子绕组为星形联结，电动机运行在中速状态。

当时间继电器 KT_2 延时时间到，其延时断开的常闭触点先断开，使接触器 KM_2 线圈断电，其联锁触点恢复闭合，解除对 KM_3、KM_4 的联锁，另外主电路中的 KM_2 主触点断开，电动机定子绕组暂时脱离电源。KT_2 的延时闭合的常开触点后闭合，接通接触器 KM_3、KM_4 线圈回路，KM_3 的联锁触点断开，实现对 KM_1、KM_2 以及中间继电器 KA 的联锁。主电路中 KM_3 与 KM_4 的主触点闭合，电动机定子绕组为双星形联结，电动机运行在高速状态。

电动机停止运行时，按下停止按钮 SB_1，各个通电的继电器断电，其触点复位，电动机断电停转。

此电路的特点是：在自动加速过程中，KM_1、KM_2、KM_3 与 KM_4 逐级通电动作，使得电动机定子绕组依次为三角形、星形、双星形联结，实现电动机低速—中速—高速的自动过渡，这显然很方便。另外，在电动机进入高速运行状态后，控制电路将中间继电器 KA、接触器 KM_1、KM_2 和时间继电器 KT_1、KT_2 的线圈回路断电，这样既延长了电器的使用寿命，又保证了电路的可靠性。

【信息 3】 制动控制电路的分析

电动机制动是电动机控制中经常遇到的问题，一般电动机制动会出现在两种不同的场合，一是为了达到迅速停车的目的，以各种方法使电动机旋转磁场的旋转方向和转子旋转方向相反，从而产生一个电磁制动转矩，使电动机迅速停止转动；二是在某些场合，当转子转速超过旋转磁场转速时，电动机也处于制动状态。例如起重机下放重物时，运输工具在下坡运行时（负载转矩为位能转矩的机械设备），使设备保持一定的运行速度；在机械设备需要减速或停止时，电动机能实现减速和停止的情况下，电动机的运行属于制动状态。

三相交流异步电动机的制动方法有下列两类：机械制动和电气制动。

1. 机械制动

利用机械装置使电动机在断开电源后立即停止转动的方法称为机械制动。机械制动有电磁抱闸制动、电磁离合器制动等。这两种制动装置的制动原理基本相同，所以只以电磁抱闸为例简单介绍其控制电路。

电磁抱闸制动控制，是指利用外加的机械作用力，使电动机迅速停止转动。由于这个外加的机械作用力，是靠电磁制动闸紧紧抱住与电动机同轴的制动轮来产生的，所以叫作电磁抱闸制动。它主要用于起重机械上吊重物时，使重物迅速而又准确地停留在某一位置上。

电磁抱闸制动又分为两种制动方式，即断电制动型电磁抱闸制动和通电制动型电磁抱闸制动。

（1）断电制动型电磁抱闸制动

断电制动型电磁抱闸的制动控制电路如图 5-13 所示。

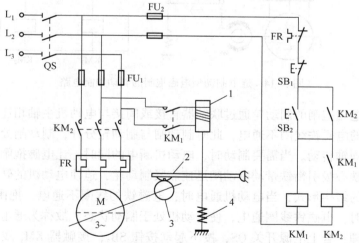

图 5-13　断电制动型电磁抱闸的制动控制电路

1—电磁铁　2—制动闸　3—制动轮　4—弹簧

断电制动型电磁抱闸的制动轮通过联轴器直接或间接与电动机主轴相连，电动机通电转动时，电磁抱闸的电磁铁线圈也通电，铁心吸引衔铁动作，带动制动闸与制动轮分开，制动轮跟着电动机同轴转动。当需要制动时，电动机与电磁抱闸的电磁铁线圈同时断电，电磁抱闸的衔铁在复位弹簧的作用下，带动制动闸迅速靠紧制动轮，使得电动机的转子迅速停转。这种断电抱闸制动的结构形式，电磁铁线圈与电动机同时通电、同时断电，在电磁铁线圈一旦断电或未接通时电动机都处于制动状态，故称为断电制动方式。

电路工作原理：合上电源开关 QS，按下起动按钮 SB_2，接触器 KM_1 得电吸合，电磁铁线圈接入电源，电磁铁心向上移动，抬起制动闸，松开制动轮。KM_1 得电后，KM_2 顺序得电，主触点吸合，电动机接入电源，起动运转。

制动控制，按下停止按钮 SB_1，接触器 KM_1、KM_2 失电释放，电动机和电磁铁线圈均断电，制动闸在弹簧作用下紧压在制动轮上，依靠摩擦力使电动机快速停车。

由于在电路设计时是使接触器 KM_1 和 KM_2 顺序得电，使得电磁铁线圈先通电，待制动闸松开后，电动机才接通电源。这就避免了电动机在起动前瞬时出现"电动机定子绕组通电而转子被掣住不转的短路运行状态"。

（2）通电制动型电磁抱闸制动

通电制动型电磁抱闸的制动控制电路，如图 5-14 所示。

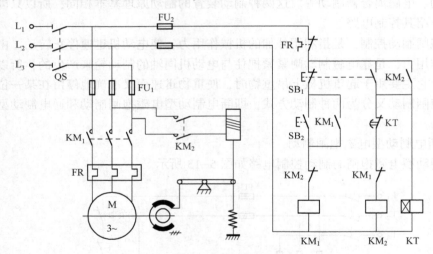

图 5-14　通电制动型电磁抱闸的制动控制电路

通电制动型电磁抱闸的制动轮通过联轴器直接或间接与电动机主轴相连，电动机通电转动时，电磁抱闸的电磁铁线圈不通电，此时制动闸与制动轮分开，制动闸处于松开状态，制动轮跟着电动机同轴转动。当需要制动时，电动机断电的同时，让电磁抱闸的电磁铁线圈通电，电磁抱闸的铁心吸引衔铁带动制动闸迅速靠紧制动轮，迫使电动机的转子迅速停转。这种通电抱闸制动的结构形式，当电动机通电时，电磁铁的线圈不通电，抱闸处于松开状态；而当电动机断电时，电磁铁线圈通电，使电动机处于制动状态，故称为通电制动方式。

电路工作原理：合上电源开关 QS，按下起动按钮 SB_2，接触器 KM_1 线圈得电吸合，电动机起动运行。按停止按钮 SB_1，接触器 KM_1 失电复位，电动机脱离电源。接触器 KM_2 线圈得电吸合，电磁铁线圈通电，铁心向下移动，使制动闸紧紧抱住制动轮，同时时间继电器

KT 得电。当电动机惯性转速下降至零时，时间继电器 KT 的常闭触点经延时断开，使 KM₂ 和 KT 线圈先后失电，从而使电磁铁线圈断电，制动闸又恢复了"松开"状态。

电磁抱闸制动的优点是制动力矩大、制动迅速、安全可靠、停车准确。其缺点是制动愈快，冲击振动就愈大，对机械设备不利。由于这种制动方法较简单，操作方便，所以在生产现场得到广泛应用。至于选用哪种电磁抱闸制动方式，要根据生产机械工艺要求来定。一般在电梯、吊车、卷扬机等一类升降机械上，应采用断电电磁抱闸制动方式；像机床一类经常需要调整加工件位置的机械设备，往往采用通电电磁抱闸制动方式。电磁离合器的优点是体积小，传递转矩大，操作方便，运行可靠，制动方式比较平稳且迅速，并易于安装在机床一类的机械设备内部。

2. 电气制动原理

电气制动是使异步电动机所产生的电磁转矩和电动机的旋转方向相反。电气制动通常可分为反接制动、能耗制动和回馈制动（再生制动）等。

（1）反接制动

当三相交流异步电动机转子的旋转方向与定子磁场的旋转方向相反时，电动机便处于反接制动状态。这时有两种情况：一是在电动状态下突然将电源两相反接，使定子旋转磁场的方向由原来的顺转子转向改为逆转子转向，这种情况下的制动称为电源反接制动；二是保持定子磁场的转向不变，而转子在位能负载作用下倒拉反转，这种情况下的制动称为倒拉反转制动。

1）电源反接制动如图 5-15 所示，电动机在停机后因机械惯性仍继续旋转，此时如果和控制电动机反转一样改变三相电源的相序，电动机的旋转磁场随即反向，产生的电磁转矩与电动机的旋转方向相反，为制动转矩，使电动机很快停下来，这就是反接制动。由于在开始制动的瞬间，电动机的转子电流比起动时还要大，为限制电流的冲击，往往在定子绕组中串入限流电阻 R。

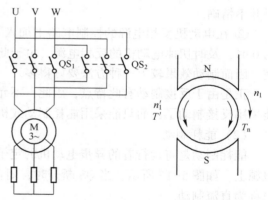

电源反接制动时，要从电网中吸取电能，又要从轴上吸取机械能，因此能耗大，经济性较差。但该制动方法的制动转矩即使在转速降至很小时仍较大，因此制动迅速。

图 5-15 电源反接制动原理图

2）倒拉反接制动。当绕线转子异步电动机拖动位能性负载时，在其转子回路串入很大的电阻。在位能负载的作用下，使电动机反转。因这是由于重物倒拉引起的，所以称为倒拉反接制动。这种方法常用于起重机低速下放重物时获得稳定的下放速度。电路原理图如图 5-16a 所示。

通过图 5-16b 可分析得，该电动机原来工作在固有特性曲线上的 A 点提升重物，当在转子回路串入电阻 R_B 时，其机械特性曲线变为曲线 2。在串入电阻的瞬间，转速来不及变化，工作点由 A 点平移到 B 点，此时电动机的提升转矩 T_B 小于位能负载转矩 T_L，所有提升速度减小，沿曲线 2 由 B 点向 C 点移动。在减速过程中，电动机仍运行在电动状态下。当工作点到达 C 点时，转速降至零，对应的电磁转矩 T_C 仍小于负载转矩 T_L，重物将倒拉电动机的转子反向旋转，并加速到 D 点。这时 $T_D = T_L$，拖动系统将以转速 n_D 稳定下放重物。

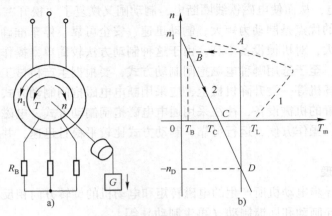

图 5-16 倒拉反接制动原理图

a）制动原理图 b）机械特性

绕线转子异步电动机倒拉反接制动状态时有一个最大的缺点，就是：当电动机转速为 0 时，如果不及时撤除反相后的电源，电动机会反转。解决此问题的方法有以下两种。

① 在电动机反相电源的控制电路中，加入一个时间继电器，当反相制动一段时间后，断开反相后的电源，从而避免电动机反转。但由于此种方法制动时间难于估算，因而制动效果并不精确。

② 在电动机反相电源的控制电路中加入一个速度继电器，当传感器检测到电动机速度为 0 时，及时切掉电动机的反相电源。由于此种方法是用速度继电器来实时监测电动机的转速，因而制动效果较上一种方法要好得多。

正是由于反接制动有此特点，因此，不允许反转的机械，如一些车床等，制动方法就不能采用反接制动了，而只能采用能耗制动或机械制动。

（2）能耗制动

能耗制动是将运行着的异步电动机的定子绕组从三相交流电源上断开后，立即接到直流电源上，如图 5-17 所示，当 QS 断开时，闭合 SA 来实现。由于能耗制动采用直流电源，故也称为直流制动。

当定子绕组通入直流电源时，在电动机中将产生一个恒定磁场。转子由于惯性沿原来方向以一定转速旋转，切割定子磁场产生感应电动势和电流，载流导体在磁场中受到电磁力的作用，其方向与电动机的转动方向相反，因而起到制动作用。制动转矩的大小与直流电流的大小有关。直流电流一般为电动机额定电流的 0.5~1 倍。

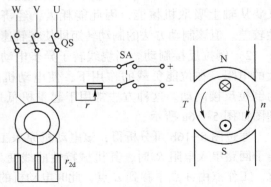

图 5-17 能耗制动原理图

这种制动方法是利用转子转动的惯性切割恒定磁场的磁通而产生制动转矩，把转子的动能消耗在转子回路的电阻上，所以称为能耗制动。三相异步电动机采用能耗制动方式时，制动平稳，能准确快速地停车。另外由于定子绕组与电网脱开，电动机不从电网中吸收交流电能，从能量的角度看，能耗制动比较经济。

能耗制动的优点是制动力强，制动较平稳。缺点是需要一套专门的直流电源供制动用。

（3）回馈制动

回馈制动和上述两种制动方法均不同。回馈制动只是电动机在特殊情况下的一种工作状态，而上述两者是为达到迅速停车的目的，人为在电动机上施加的一种方法。

使电动机在外力（如起重机下放重物）作用下，其转速超过旋转磁场的同步转速，如图 5-18 所示。起重机下放重物，在下放开始时，转速小于同步转速，电动机处于电动状态，如图 5-18a 所示。在位能转矩作用下，电动机的转速大于同步转速时，转子中感应电动势、感应电流和转矩的方向都发生了变化，如图 5-18b 所示，转矩方向与转子转向相反，成为制动转矩。此时电动机将机械能转化为电能馈送给电网，达到节能的目的，所以回馈制动又称再生发电制动。

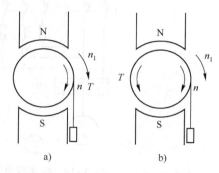

图 5-18　回馈制动原理图
a）电动机运行　b）回馈制动

在生产实践中，三相交流异步电动机的回馈制动会出现在以下两种场合：

1）起重机重物下降时，电动机转子在重物重力的作用下，转子的转速有可能超过同步转速，此时，电动机处于回馈制动状态。这时，电动机的制动转矩是阻止重物的下落，直至制动转矩和重力形成的转矩相等时，重物才会停止下落。

2）当调速时，用变频器把频率降低，使同步转速随之降低；或者双速电动机高速运行切换到低速运行时，同步转速降低。此时转子转速由于负载惯性的作用，不会马上降低，即转速大于同步转速，此时，电动机也会处于回馈制动状态，直至拖动系统的速度也下降为止。

3. 电气制动控制电路分析

（1）反接制动控制电路

1）按速度原则控制电动机单向运行反接制动控制电路。如图 5-19 所示为按速度原则控制三相交流异步电动机单向运行反接制动控制电路。KM_1 为电动机单向旋转接触器；KM_2 为反接制动接触器；制动时在电动机三相定子绕组回路中串入制动电阻；用速度继电器来检测电动机转速。

电路工作原理：速度继电器 KS 的动作值为 120 r/min，释放值为 100 r/min。合上电源开关 QS。电动机起动运行时，按下起动按钮 SB_2，KM_1 线圈得电，电动机单向起动连续运行。电动机转速很快上升至 120 r/min，速度继电器 KS 常开触点闭合。电动机正常运转时，此触点一直保持闭合状态，为进行反接制动做好准备。

电动机停止运行时，按下停止按钮 SB_1，SB_1 常闭触点先断开，使 KM_1 断电释放。主电路中，KM_1 主触点断开，使电动机脱离正相序电源；KM_1 辅助常开触点恢复断开，KM_1 辅助常闭触点恢复闭合。SB_1 常开触点后闭合，KM_2 线圈通电自锁，主触点动作，电动机定子串入对称电阻进行反接制动，使电动机转速迅速下降。当电动机转速下降至 100 r/min 时，

KS 常开触点断开，使 KM_2 断电解除自锁，电动机断开电源，制动控制结束。

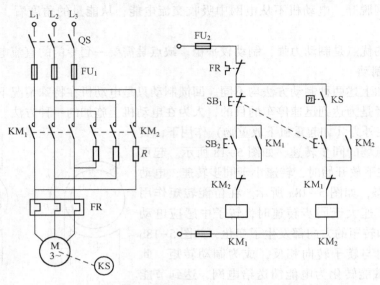

图 5-19　按速度原则控制电动机单向运行反接制动控制电路

2）按速度原则实现电动机可逆运行反接制动控制电路。如图 5-20 所示为按速度原则控制三相交流异步电动机单向运行反接制动控制电路。KM_1 为电动机正向旋转接触器；KM_2 为反向旋转接触器；在电动机两相中串入的电阻既为减压起动电阻，又为制动限流电阻；KM_3 用来短接限流电阻；用速度继电器来检测电动机转速与转向。

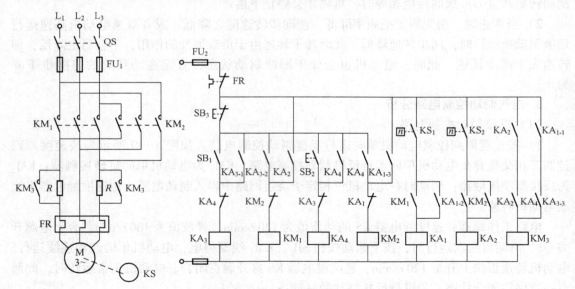

图 5-20　按速度原则控制电动机可逆运行反接制动控制电路

电路工作原理：

合上电源开关 QS。正转起动时，按下起动按钮 SB_1，中间继电器 KA_3 线圈通电，常开触点 KA_{3-1} 闭合实现自锁；常开触点 KA_{3-3} 点闭合，为 KM_3 线圈通电做好准备；常开触点

KA$_{3-2}$闭合，KM$_1$ 线圈通电，KM$_1$ 主触点闭合，电动机串电阻 R 减压起动，同时 KM$_1$ 常开辅助触点闭合，为 KA$_1$ 线圈通电做准备。

当电动机转速高于 120 r/min，达到速度继电器的动作值时，KS$_1$ 触点闭合，KA$_1$ 线圈通电，常开触点 KA$_{1-2}$闭合实现自锁；常开触点 KA$_{1-1}$闭合，KM$_3$ 线圈通电，其主触点闭合短接电阻 R，电动机全压运行；常开触点 KA$_{1-3}$闭合，为 KM$_2$ 线圈得电做好准备。

停车制动时，按下停止按钮 SB$_3$，KA$_3$ 线圈断电，KA$_{3-1}$、KA$_{3-2}$、KA$_{3-3}$均断开，KM$_3$ 线圈断电，其主触点断开，电阻 R 串入电路；同时 KM$_1$ 线圈断电，使电动机断电靠惯性运转。由于 KM$_1$ 联锁常闭触点恢复闭合，使 KM$_2$ 线圈通电，KM$_2$ 主触点闭合，电动机反接制动，当电动机转速下降低于其释放值 100 r/min 时，KS$_1$ 断开，KA$_1$ 线圈断电，KA$_{1-1}$、KA$_{1-2}$、KA$_{1-3}$触点均断开复位，KM$_2$ 线圈断电，KM$_2$ 主触点断开，制动过程结束。

相反方向的起动和制动控制原理和上述相同，只是起动时按动的是反转起动按钮 SB$_2$，电路便通过 KA$_4$ 接通 KM$_3$，三相电源反接，使电动机反向起动。停转时，通过速度继电器的常开触点 KS$_2$ 及中间继电器 KA$_2$ 控制反接制动过程的完成。不过这时接触器 KM$_1$ 便成为反转运行的反接制动接触器了。

（2）能耗制动控制电路

1）按时间原则控制电动机单向运行能耗制动控制电路。如图 5-21 所示为按时间原则控制三相交流异步电动机单向运行能耗制动控制电路。该电路采用变压器 TC、单相桥式整流器 VC 提供直流电源；接触器 KM$_1$ 负责为电动机三相定子绕组接通交流电源；接触器 KM$_2$ 负责为电动机任意两相定子绕组接入直流电源；时间继电器 KT 的作用为控制制动回路接入的时间；电路在直流电源回路中串接可调电阻 R_p，调节制动电流的大小。

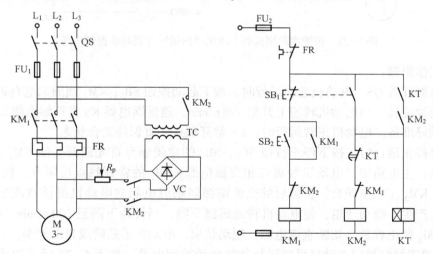

图 5-21　按时间原则控制电动机单向运行能耗制动控制电路

电路工作原理：

合上电源开关 QS。电动机起动运行时，按下起动按钮 SB$_2$，KM$_1$ 线圈通电并自锁，电动机通电正常起动，单向连续运行。

电动机停止运行时，按下停止按钮 SB$_1$，SB$_1$ 的常闭触点先断开，使 KM$_1$ 线圈失电，各触点复位，电动机断电；同时 SB$_1$ 的常开触点后闭合，使 KT 线圈与 KM$_2$ 线圈同时通电，

KT 瞬动常开触点闭合，为 KM₂ 和 KT 线圈实现自锁，KT 开始延时。KM₂ 得电以后，电动机任意两相定子绕组通入一个直流电，产生一恒定磁场，电动机转子在恒定磁场作用下，产生一制动转矩，转速迅速下降，当定时时间到，KT 延时常闭触点断开，KM₂ 线圈断电，电动机定子绕组断电，同时 KT 线圈也断电，制动过程结束。

2）按速度原则控制电动机单向运行能耗制动控制电路。如图 5-22 所示为按速度原则控制三相交流异步电动机单向运行能耗制动控制电路。该电路采用变压器 TC、单相桥式整流器 VC 提供直流电源；接触器 KM₁ 负责为电动机三相定子绕组接通交流电源；接触器 KM₂ 负责为电动机任意两相定子绕组接入直流电源；速度继电器 KS 的作用为控制制动回路接入的时间；电路在直流电源回路中串接可调电阻 R_P，调节制动电流的大小。

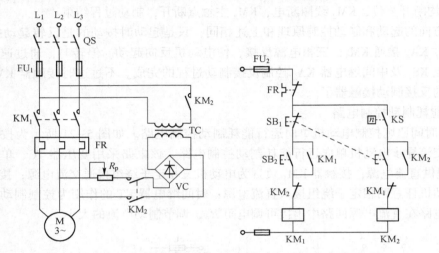

图 5-22　按速度原则控制电动机单向运行能耗制动控制电路

电路工作原理：

合上电源开关 QS。电动机起动运行时，按下起动按钮 SB₂，KM₁ 线圈通电自锁，电动机单向起动连续运转。当电动机转速上升至 120 r/min，速度继电器 KS 常开触点闭合，为 KM₂ 线圈通电做好准备。电动机正常运行时，KS 常开触点一直保持闭合状态。

电动机停止运行时，按下停车按钮 SB₁，SB₁ 的常闭触点首先断开，使 KM₁ 线圈断电，各触点复位，主电路中，电动机脱离三相交流电源；SB₁ 的常开触点后闭合，使 KM₂ 线圈通电自锁。KM₂ 主触点闭合，整流后的交流电源经限流电阻向电动机提供直流电源，在电动机转子上产生一制动转矩，使电动机转速迅速下降，当转速下降至 100 r/min，KS 常开触点断开，KM₂ 断电释放，切断直流电源，制动结束。电动机最后阶段自由停车。

3）按速度原则控制电动机可逆运行能耗制动控制电路。如图 5-23 所示为按速度原则控制三相交流异步电动机可逆运行能耗制动控制电路。该电路采用变压器 TC、单相桥式整流器 VC 提供直流电源；接触器 KM₁ 负责为电动机的正向旋转；接触器 KM₂ 负责电动机的反向旋转；接触器 KM₃ 负责为电动机任意两相定子绕组接入直流电源；速度继电器 KS 的作用为控制制动回路接入的时间；电路在直流电源回路中串接可调电阻 R_P，调节制动电流的大小。

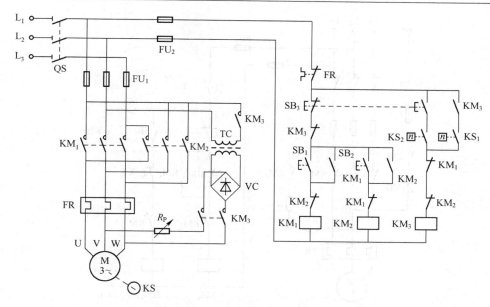

图 5-23　按速度原则控制电动机可逆运行能耗制动控制电路

电路工作原理：

合上电源开关 QS。电动机正转起动运行时，按下正转起动按钮 SB₁，KM₁ 线圈通电并自锁，电动机通入三相正序电源，电动机正转起动运转，同时 KM₁ 的辅助常闭触点断开联锁，确保 KM₃ 线圈不会得电，也就是电动机不会通入直流电源，保证电动机的正常运转。当电动机转速升高到一定值以后，速度继电器 KS 动作，常开触点闭合，为能耗制动做准备。

电动机停止运行时，按下停止按钮 SB₃，SB₃ 的常闭触点先断开，使 KM₁ 线圈断电，KM₁ 的各触点复位，SB₃ 的常开触点后闭合，使 KM₃ 线圈得电，电动机三相电源线断开后，立即在电动机任意两相绕组中经过电阻通入直流电，电动机定子绕组中的旋转磁场变为一恒定磁场，转动的转子在恒定磁场的作用下，转速下降，实现制动，当转速下降到一定值以后，速度继电器的常开触点断开，KM₃ 线圈失电，制动过程结束。

要使电动机反转，只要按下反转起动按钮 SB₂ 即可，要使电动机停转，按下停止按钮 SB₃，反转制动过程与正转制动过程基本相同。

4）无变压器半波整流能耗制动控制电路。对于 10 kW 以上电动机的能耗制动，一般都采用有变压器的全波整流能耗制动控制电路。而在制动要求不高的场合，可采用无变压器半波整流能耗制动控制电路，如图 5-24 所示。该电路省去了带有变压器的桥式整流电路，设备简单、体积小、成本低，常在 10 kW 以下的电动机中使用。

【信息 4】铣床概况

铣床是用铣刀进行加工的机床。由于铣床应用了多刃刀具连续切削，所以它的生产效率高，而且还可以获得较好的加工表面质量。

铣削的应用范围包括端铣平面、铣齿轮、铣 V 形槽、切断、铣台阶、铣花键轴、铣孔、铣特形面、铣圆弧等，如图 5-25 所示。

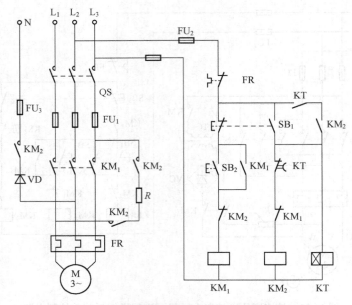

图 5-24　无变压器半波整流能耗制动控制电路

图 5-25　铣床的加工范围

a）端铣平面　b）铣齿轮　c）铣 V 形槽　d）切断
e）铣台阶　f）铣花键轴　g）铣孔　h）铣特形面　i）铣圆弧

　　铣刀的旋转是主运动，工作台的上下、左右、前后运动都是进给运动，其他的运动，如工作台的旋转运动则是辅助运动。

铣床的种类很多，按照结构型式和加工性能的不同，可分为卧式铣床、立式铣床、仿形铣床、龙门铣床和专用铣床。

1. 卧式铣床

卧式铣床的主轴与工作台平行。为扩大机床的应用范围，有的卧式铣床的工作台可以在水平面内旋转一定角度，故称为万能卧式铣床，如图 5-26 所示。

在生产中应用最广泛的是 X62W 卧式升降台铣床。加工时，工件安装在工作台上，铣刀装在铣刀心轴上，在机床主轴的带动下旋转。工件随工作台做纵向进给运动；滑座沿升降台上部的导轨移动，实现横向进给运动。升降台可沿车身导轨升降，以便调整工件与刀具的相对位置。横梁的前端可安装吊架，用来支承铣刀心轴的外伸端，以提高心轴刚性。横梁可沿床身顶部水平导轨移动，调整其伸出长度。进给变速箱可变换工作台、滑座和升降台的进给速度。

2. 立式铣床

立式升降台铣床与卧式铣床的主要区别是：立式铣床的主轴与工作台垂直。如图 5-27 所示。有些立式铣床为了加工需要，可以把立铣头旋转一定的角度，其他部分与卧式升降台相同。卧式及立式铣床都是通用机床，常适用于单件及成批生产中。

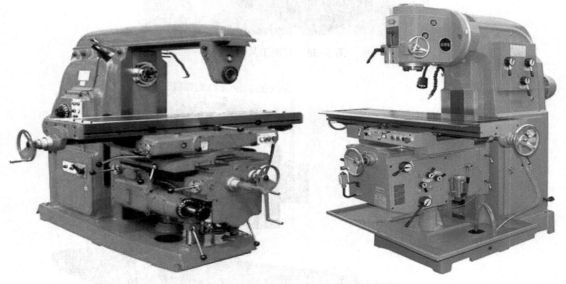

图 5-26 卧式铣床　　　　　　　　图 5-27 立式铣床

3. 万能工具铣床

万能工具铣床能完成镗、铣、钻、插等切削加工，如图 5-28 所示，适用于加工各种刀具、夹具、冲模、压模等中小型模具及其他复杂零件，借助多种特殊附件能完成圆弧、齿条、齿轮、花键等类零件的加工。

4. 龙门铣床

龙门铣床简称龙门铣，是具有门式框架和卧式长床身的铣床。龙门铣床上可以用多把铣刀同时加工表面，加工精度和生产效率都比较高，适用于在成批和大量生产中加工大型工件的平面和斜面。数控龙门铣床还可加工空间曲面和一些特型零件，如图 5-29 所示。龙门铣床的外形与龙门刨床相似，区别在于它的横梁和立柱上装的不是刨刀刀架而是带有主轴箱的铣刀架，并且龙门铣床的纵向工作台的往复运动不是主运动，而是进给运动，而铣刀的旋转运动是主运动。

图 5-28　万能工具铣床

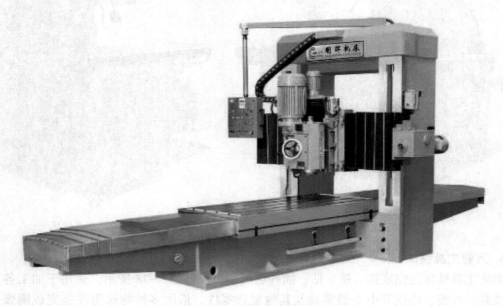

图 5-29　龙门铣床

学习活动三　　　　　　　　　　　小组制订计划

请根据项目要求，结合小组讨论后获取的信息点，小组共同制订本项目的完成计划表，列出工作任务单，见表 5-1。

表 5-1　工作任务单

工作任务名称	X62W 型万能铣床电气控制电路的安装与调试	工作时间	10 学时
工作任务分析	X62W 型万能铣床主要用来加工平面、沟槽，也可以加工各种曲面、齿轮等，本项目是根据 X62W 型万能铣床的电气原理图合理选择电器元件、利用工具安装铣床控制电路并上电调试		
工作内容	1. 根据电气原理图分析电路工作过程 2. X62W 型万能铣床电气控制电路的安装与调试		
工作任务流程	1. 学习 X62W 型万能铣床的基本结构 2. 学习电气控制电路图的识读、绘制方法 3. 分析 X62W 型万能铣床的主要运动形式及电力控制要求 4. 根据电气原理图分析主电路工作过程 5. 根据电气原理图分析控制电路工作过程 6. 根据电气原理图分析辅助电路工作过程 7. X62W 型万能铣床电气控制电路的安装 8. X62W 型万能铣床电气控制电路的调试 9. 总结与反馈本次工作任务 10. 成绩考评		
工作任务实施	1. X62W 型万能铣床主电路的工作原理 2. X62W 型万能铣床控制电路的工作原理 3. X62W 型万能铣床辅助电路的工作原理 4. X62W 型万能铣床控制电路的安装		
考评	按考评标准考评	见考评标准（反页）	
	考评成绩		
	教师签字	年　　月　　日	

学习活动四　　　教师点睛，引导解惑

【引导 1】 X62W 型万能铣床的主要结构及运动形式

1. 主要结构及运动形式

X62W 卧式万能铣床主要由床身、主轴、刀杆、横梁、工作台、回转盘、横溜板和升降台等几部分组成，其主要结构和运动形式包括：

1）X62W 卧式万能铣床箱形的床身固定在底座上，在床身内装有主轴的传动机构和变速操纵机构。在床身的顶部有水平导轨，上面装着带有一个或两个刀杆支架的悬梁。

2）刀杆支架用来支承铣刀心轴的一端，心轴另一端则固定在主轴上，由主轴带动铣刀切削。

3）悬梁可以水平移动，刀杆支架可以在悬梁上水平移动，以便安装不同的心轴。

4）在床身的前面有垂直导轨，升降台可以沿着它上、下移动。在升降台上面的水平导轨上，装有可在平行主轴轴线方向移动（横向移动或前后移动）的溜板。

5）溜板上部有可转动部分，工作台就在溜板上部可转动部分的导轨上做垂直于主轴轴

线方向移动（纵向移动）。

6）工作台上有 T 型槽来固定工件。这样安装在工作台上的工件就可以在三个坐标轴的六个方向上调整位置或进给。此外，由于回转盘可绕中心转过一个角度（通常是±45°），因此工作台在水平面上除了能在平行于或垂直于主轴轴线方向进给外，还能在倾斜方向进给，可以加工螺旋槽，故称万能铣床。

2. 型号

型号含义如下：

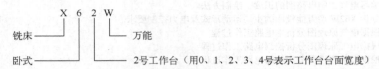

【引导 2】 X62W 型万能铣床电力拖动特点及控制要求

主轴电动机需要正、反转但方向的改变并不频繁。可用电源相序转换开关实现主轴电动机的正、反转。

铣刀的切削是一种不连续切削，容易使机械传动系统发生振动，为了避免这种现象，在主轴传动系统中装有惯性轮，但在高速切削后，停车很费时间，故采用电磁离合器制动。

工作台既可以做 6 个方向的进给运动，又可以在 6 个方向上快速移动。

要求只有主轴旋转后，才允许有进给运动；只有进给停止后主轴才能停止或同时停止。

主轴运动和进给运动采用变速盘来进行速度选择，为保证变速齿轮进入良好啮合状态，两种运动都要求变速后做瞬时点动。

【引导 3】 X62W 型万能铣床控制电路的分析

X62W 型万能铣床的电气控制电路，分为主电路、控制电路和照明电路三部分，如图 5-30 所示。

1. 主电路分析

1）主电动机 M_1 拖动主轴带动铣刀进行铣削加工。

2）工作台进给电动机 M_2 拖动升降台及工作台进给。

3）冷却泵电动机 M_3 提供冷却液。

以上每台电动机均有热继电器作过载保护。

2. 控制电路分析

1）工作台的运动方向有上、下、左、右、前、后 6 个方向。

2）工作台的运动，由操纵手柄来控制，此手柄有 5 个位置，此 5 个位置是联锁的，各方向的进给不能同时接通。床身导轨旁的挡铁和工作台底座上的挡铁撞动十字手柄，使其回到中间位置，行程开关动作，从而实现直运终端保护。

3）主轴电动机的控制。

起动：按下 SB_3 或 SB_4，两地控制分别装在机床两处，方便操纵。SB_1 和 SB_2 是停止按钮（制动）。SA_4 是主轴电动机 M_1 的电源换相开关。

① 正向主轴起动的控制回路：FU_3—FR_1—SQ_7（2-3）—SB_1—SB_2—SB_3 或 SB_4—KM_2—KM_1 线圈—0 号线（公共回线）。

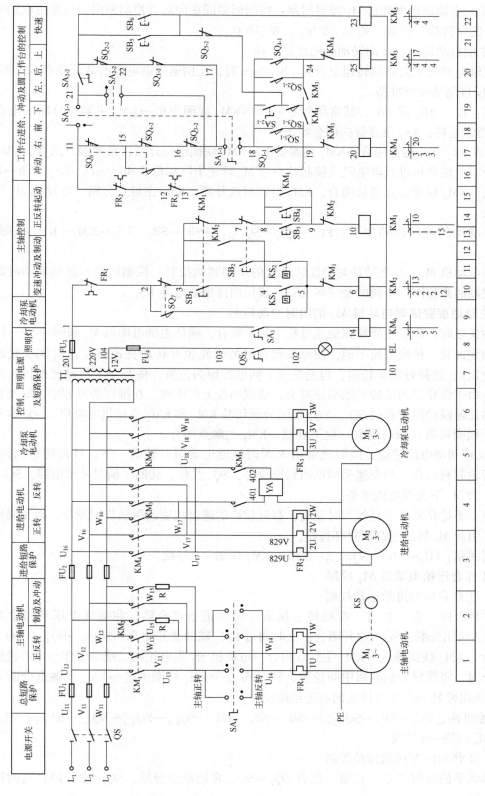

图5-30　X62W型万能铣床电气控制原理图

② 反向主轴起动电动机 M_1 控制回路：控制回路同正向起动控制相同，只是主电路需将 SA_4 置"反向转动"位置，使 U_{13} 接 W_{14}，W_{13} 接 U_{14}。

③ 主轴电动机 M_1 正向转动时的反接制动。

当主轴电动机正向起动转速上升到 $120\,r/min$ 时，正向速度继电器的常开触点 KS_2 闭合，为 M_1 的反接制动做好准备。

停车：按下 SB_1 或 SB_2，其常闭触点断开→KM_1 线圈失电→KM_1 主触点分断→电动机 M_1 失电惯性运转，KS_1 继续保持闭合状态。

SB_1 或 SB_2 常开触点闭合→KM_2 线圈得电→KM_2 联锁触点分断，自锁触点闭合，KM_2 主触点闭合。电路换相进行串电阻反接制动→当 M_1 转速下降到低于 $40\,r/min$→KS_2 分断→KM_2 线圈失电→KM_2 联锁触点复位闭合，KM_2 自锁触点分断，KM_2 主触点分断→电动机 M_1 反接制动结束。

反接制动的控制回路如下：FU_3—FR_1—$SQ_{7(2-3)}$—SB_1—SB_2—KS_2—KM_1—KM_2 线圈—0 号线。

主轴电动机 M_1 反向转动时的反转动时的反接制动控制，控制回路与正向转动时的反接制动控制回路相同，不同的是应将 KS_2 换成反向速度继电器 KS_1。

3. 主轴速度变速时电动机 M_1 的瞬时冲动控制

主轴变速时，为了使齿轮在变速过程中易于啮合，须使主轴电动机 M_1 瞬时转动一下。

主轴变速时，拉出变速手柄，使原来啮合好的齿轮脱开转动变速转孔盘（实质是改变齿轮传动比），选择好所需转速，再把变速手柄推回原为位置，使改变了传动比的齿轮组重新啮合。由于齿轮之间位置不能刚好对上，造成啮合上的困难。在推回的过程中，联动机构压下主轴变速瞬动限位开关 SQ_7，SQ_7 常闭分断切断 KM_1 和 KM_2 自锁供电电路。SQ_7 常开闭合→KM_2 线圈得电（瞬时通电）但不自锁→KM_2 主触点闭合。

M_1 反接制动电路接通，经限流电阻 R 瞬时接通电源瞬时转动一下，带齿轮系统抖动，使变速齿轮顺利啮合。当变速手柄推回到原位时，SQ_7 复位，切断了瞬时冲动电路，SQ_{7-2} 复位闭合，为 M_1 下次得电做准备。

注意：不论是开车还是停车时变速，都应较快的速度把变速手柄推回原位，以免通电时间过长，引起 M_1 转速过高而打坏齿轮。

控制回路：FU_3—FR_1—$SQ_{7(2-5)}$—KM_1—KM_2 线圈—0 号线。

4. 工作台进给电动机 M_2 控制

（1）工作台向右进给运动控制

将手柄扳向"右"位置，在机械上接通了纵向进给离合器，在电气上压动限位开关 SQ_1，SQ_{1-2} 常闭分断，SQ_{1-1} 常开闭合。这时通过 KM_1 辅助常开闭合→SQ_{6-2}→SQ_{4-2}→SQ_{3-2}→SA_{1-1} 闭合→KM_4 线圈得电→KM_4 主触点闭合→电动机 M_2 得电正转，拖动工作台向右进给。

停止时，将操纵手柄返回中间位置，SQ_{1-1} 分断→KM_4 线圈失电→KM_4 主触点分断→电动机 M_2 失电停转→工作台停止向右进给运动。

控制回路：FU_3—FR_1—$SQ_{7(2-3)}$—SB_1—SB_2—KM_1—SQ_{6-2}—SQ_{4-2}—SQ_{3-2}—SA_{1-1}—SQ_{1-1}—KM_3—KM_4 线圈—0 号线。

（2）工作台向左进给运动控制

将操纵手柄扳向"左"位置。压合 SQ_2→SQ_{2-2} 常闭触点分断，SQ_{2-1} 常开闭合这时通过

KM_1 辅助常开闭合，SQ_{6-2}，SQ_{4-2}，SQ_{3-2}，SA_{1-1} 的闭合→KM_3 线圈得电→KM_3 主触点闭合→电动机 M_2 得电反转，拖动工作台向左进给。

停止时，将操纵手柄扳回到中间位置，SQ_{2-1} 分断→KM_3 线圈失电→KM_3 主触点分断→电动机 M_2 停转，工作台停止向左进给运动。

控制回路：FU_3—FR_1—FR_2—FR_3—SQ_{-2}—SB_1—SB_2—KM_1—SQ_{6-2}—SQ_{4-2}—SQ_{3-2}—SA_{1-1}—SQ_{2-1}—KM_4—KM_3 线圈—0 号线。

（3）工作台向上运动控制

将操作手柄扳到向"上"位置，在机械上接通垂直离合器，在电气上压动限位开关 SQ_4，SQ_{4-2} 常闭分断，SQ_{4-1} 常开闭合，这时通过 KM_1 辅助常开闭合，通过 SA_{1-3}、SA_{2-2}、SQ_{2-2}、SQ_{1-2}、SA_{1-1} 闭合→KM_3 线圈得电→KM_3 主触点闭合→电动机 M_2 得电反转，拖动工作台向上运动。

停止时，将操作手柄扳回到中间位置，SQ_{4-1} 分断→KM_3 线圈失电→KM_3 主触点分断→电动机 M_2 停转，工作台停止向上运动。

控制回路：FU_3—FR_1—$SQ_{7(2-3)}$—SB_1—SB_2—KM_1—SA_{1-3}—SA_{2-2}—SQ_{2-2}—SQ_{1-2}—SA_{1-1}—SQ_{4-1}—KM_4—KM_3 线圈—0 号线。

（4）工作台向下运动控制

将操纵手柄扳向"下"位置，压合 SQ_3，SQ_{3-2} 常闭合分断，SQ_{3-1} 常开闭合，这时通过 KM_1 辅助常开闭合，通过 SA_{1-3}、SA_{2-2}、SQ_{2-2}、SQ_{1-2}、SA_{1-1} 的闭合→KM_4 线圈得电→KM_4 主触点闭合→电动机 M_2 得电，拖动工作台向下运动。

停止时，将操纵手柄扳到中间位置，SQ_{3-1} 常开分断→KM_4 线圈失电→KM_4 主触点分断→电动机 M_2 失电，工作台停止向下运动。

控制回路：FU_3—FR_1—$SQ_{7(2-3)}$—SB_1—SB_2—KM_1—SA_{1-3}—SA_{2-2}—SQ_{2-2}—SQ_{1-2}—SA_{1-1}—SQ_{3-1}—KM_3—KM_4 线圈—0 号线。

工作台上、下、左、右、前、后运动控制电路图如 5-31 所示。

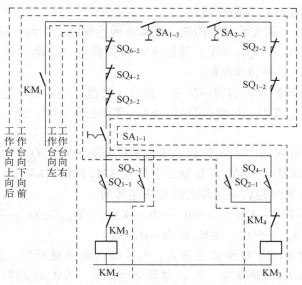

图 5-31 工作台上下左右前后运动控制

5. 工作台进给变速时的冲动控制

在改变工作台进给速度时，为了使齿轮易于啮合，也需要电动机 M_2 瞬时冲动一下。先将蘑菇手柄向外拉出并转动手柄，转盘跟着转动，把所需进给速度标尺数字对准箭头。再将蘑菇手柄用力向外拉到极限位置瞬间，连杆机构瞬时压合行程开关 SQ_6，SQ_{6-2} 常闭触点先分断，SQ_{6-1} 常开触点后闭合，这时通过 SA_{1-3}、SA_{2-2}、SQ_{2-2}、SQ_{1-2}、SQ_{3-2}、SQ_{4-2} 闭合，KM_4 线圈得电→KM_4 主触点闭合→进给电动机 M_2 反转，因为是瞬时接通，进给电动机 M_2 只是瞬时冲动一下，从而保证变速齿轮易于啮合。只有当进给操纵手柄在中间（停止）位置时，才能实现进给变速冲动控制。

当手柄推回原位后，SQ_6 复位；KM_4 线圈失电→KM_4 主触点分断电动机 M_2 瞬时冲动结束。

控制回路：FU_3—FR_1—SB_1—SB_2—KM_1—SA_{1-3}—SA_{2-2}—SQ_{2-2}—SQ_{1-2}—SQ_{3-2}—SQ_{4-2}—SQ_{6-1}—KM_3—KM_4 线圈—0 号线。

6. 工作台进给的快速移动控制

工作台上、下、前、后、左、右 6 个方向快速移动，由垂直与横向进给手柄，纵向进给手柄和快速移动按钮 SB_5、SB_6 配合实现。进给快速移动可分手动控制和自动控制两种，自动控制又可分为单程自动控制、半自动循环控制和全自动循环控制三种方式，目前采用手动的快速行程控制。

先将主轴电动机起动，再将操纵手柄扳到所需位置，按下 SB_5 或 SB_6（两地控制）→KM_5 线圈得电→KM_5 主触点闭合→接通牵引电磁铁 YA，在电磁铁动作时，通过杠杆使摩擦离合器合上，使工作台按原运动方向快速移动，松开 SB_5 或 SB_6→KM_5 线圈失电→KM_5 主触点分断→电磁铁 YA 失电，摩擦离合器分离快速移动停止，工作台按原进给速度继续运动。

快速移动采用点动控制，控制电路：FR_3—FR_1—SB_1—SB_2—KM_1—SA_{1-3}—SA_{2-2}—SB_5 或 SB_6—KM_5 线圈—0 号线。

工作台进给变速冲动和快速移动控制电路如图 5-32 所示。

7. 工作台纵向（左右）自动控制

本机床只需在工作台前安装各种挡铁，依靠各种挡铁随工作台一起运动时与手柄星形轮碰撞而压合限位开关 SQ_1、SQ_2、SQ_5，并把 SA_2 开关扳向"自动"位置，便可实现工作台纵向"左右"运动时的各种自动控制。

1）工作台单程自动控制：起动—快速—进给（常速）—快速—停止。

① 将转换开关 SA_2 置于"自动"位置，SA_{2-2} 常闭触点分断，SA_{2-1} 常开触点闭合，然后起动，电动机 M_1。

② 将纵向操纵手柄扳向"左"位置。压合限位开关 SQ_2、SQ_{2-2} 常闭触点分断，SQ_{2-1} 常开触点闭合→KM_3 线圈得电→KM_3 联锁触点分断对 KM_4 联锁，KM_3 常开触点闭合，KM_3 主触点闭合→电动机 M_2 得电运转→工作台向左快速移动。

控制回路：FU_3—FR_1—$SQ_{7(2-3)}$—SB_1—SB_2—KM_1—SQ_{6-2}—SQ_{4-2}—SQ_{3-2}—SQ_{2-1}—KM_4—KM_3 线圈—0 号线；SA_{2-1}—SQ_{5-2}—KM_5 线圈—0 号线。

③ 当工作台面快速向左移至接近铣刀，1 号挡铁碰撞星形轮，使它转过一个齿，使 SQ_{5-2} 常闭触点分断，KM_5 线圈失电，SQ_{5-1} 常开触点闭合→KM_3 线圈双回路通电，工作台停止快移，以常速向左进给，切削工件。

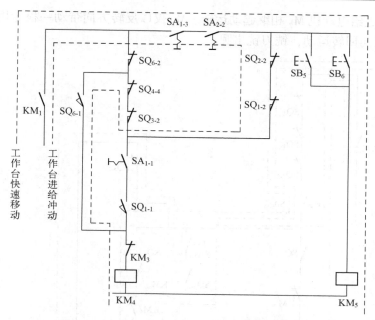

图 5-32　工作台进给变速冲动和快速移动控制

控制回路：

FU_3—FR_1—$SQ_{7(2-3)}$—SB_1—SB_2—KM_1—SQ_{6-2}—SQ_{4-2}—SQ_{3-2}—SA_{1-1}—SQ_{2-1}—KM_4—KM_3 线圈—0 号线；SA_{2-1}—SQ_{5-1}—KM_3—KM_3 线圈—0 号线。

④ 当切削完毕，工件离开铣刀时，另一个 1 号挡铁又碰撞星形轮，使它转过一个齿，并使 SQ_{5-2} 闭合→KM_5 线圈得电，工作台又转为快速向左移动。

⑤ 向左移至 4 号挡铁，碰撞手柄推回停止位置，SQ_{2-1} 断开→KM_3 线圈失电→KM_3 主触点分断→电动机 M_2 停转。工作台在左端停止。

2）工作台半自动循环控制：起动—快速—常速进给—快速回程—停止。

工作过程为五步，前三步与单程自动控制的①、②、③相同，第④步为：当切削完毕，工件离开铣刀时，手柄在 2 号挡铁作用下，由左移到中间（停止）位置，此时 SQ_{2-1} 分断，KM_3 线圈通过 KM_3 常开触点仍保持接通吸合，同时 2 号挡铁下面的斜面压住销子离合器保持接合状态，工作台仍以进给速度继续向左移动。直到 2 号挡铁将星形轮碰一个齿，手柄撞到"向右"位置，SQ_{1-1} 闭合，SQ_{5-1} 分断，SQ_{5-2} 闭合，KM_3 线圈失电，KM_4 线圈得电及电磁铁 YA 得电吸合，工作台向左快速移动返回。

控制回路：FU_3—FR_1—FR_2—FR_3—SQ_{7-2}—SB_1—SB_2—KM_1—SQ_{6-2}—SQ_{4-2}—SQ_{3-2}—SA_{1-1}—SQ_{1-1}—KM_3—KM_4 线圈—0 号线；SA_{2-1}—SQ_{5-2}—KM_5 线圈—0 号线。

3）当工作台向右快移至 5 号挡铁碰撞手柄，将手柄推回中间（停止）位置，SQ_{1-1} 断开，电动机 M_2 停转，工作台在右端停止。

工作台向左（右）单程移动及半自动循环控制电路如图 5-33 所示。

8. 圆形工作台的控制

将操纵手柄扳到中间"停"位置，把圆形工作台组合开关 SA_{2-2} 扳到"接通"位置，这时开关接点 SA_{1-2} 闭合，SA_{1-1} 和 SA_{1-3} 断开。按下 SB_3 或 SB_4，KM_1 线圈和 KM_4 线圈得电，主

轴电动机 M_1 和进给电动机 M_2 相继起动运转。M_2 仅以反转方向带动一根专用轴，使圆形工作台绕轴心做定向回转运动，铣刀铣出圆。

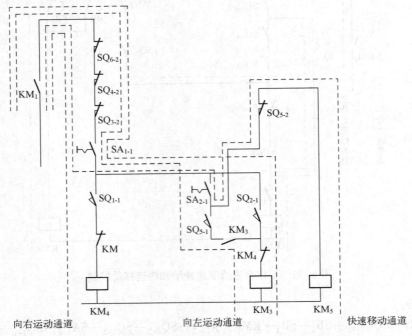

图 5-33　工作台向左（右）单程移动及半自动循环控制

控 制 电 路 （KM_4）：FU_3—FR_1—FR_2—FR_3—SB_1—SB_2—KM_1—SQ_{6-2}—SQ_{4-2}—SQ_{3-2}—SQ_{1-2}—SQ_{2-2}—SA_{2-2}—SA_{1-2}—KM_3—KM_4 线圈—0 号线。

圆形工作台不调速，不正转。

按下主轴停止按钮 SB_1 或 SB_2，则主轴与圆形工作台同时停止，如图 5-34 所示。

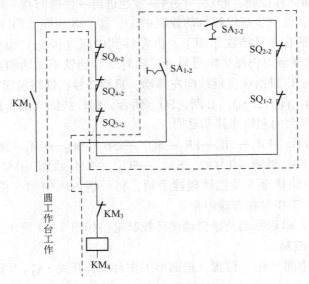

图 5-34　圆工作台控制电路

9. 冷却泵电动机 M$_3$ 控制

主轴电动机起动后，冷却泵电动机 M$_3$ 才起动。

合上电开关 SA$_3$→KM$_6$ 线圈得电→KM$_6$ 主触点闭合→电动机 M$_3$ 起动运转→提供冷却液切削工件。

控制回路：FU$_3$—FR$_1$—SA$_3$—KM$_6$ 线圈—0 号线。

10. 照明及指示灯电路

由变压器 TC 降压为 36 V 电压供照明，6.3 V 供指示灯。

11. 电源

开关 QS$_1$→断开 QS$_2$→照明灯 EL 灭，指示灯 HL 灯灭。

【引导 4】X62W 型万能铣床控制电路的选件

1. 电动机的选择

$$P = P_1 / \eta$$

式中　η——机械传动功率，$\eta = 0.6 \sim 0.85$。

（1）主轴电动机 M$_1$

型号为 Y132M-4-B3 三相异步电动机，性能指标为 7.5 kW，380 V，7 A，1450 r/min。

（2）进给电动机 M$_2$

型号为 Y90L-4 三相异步电动机，性能指标为 1.5 kW，380 V，6 A，1450 r/min。

（3）冷却泵电动机 M$_3$

型号为 JCB-22 三相异步电动机，性能指标为 0.125 kW，380 V，0.43 A，2790 r/min。

对于一般无特殊调速要求的机床，应优先采用笼型异步电动机。设计中的机床因为无特殊调速要求，所以采用笼型异步电动机，它的功率为 4 kW，考虑到传输中有损耗，因此机械传动功率选择为 0.6，因此经计算得出的功率为 6.7 kW（$P = 4/0.6 = 6.7$ kW），但在电动机的型号中只有 5.5 kW 和 7.5 kW 最为接近要求，所以选择 7.5 kW 的电动机，所以主轴电动机 M$_1$ 所选的型号符合要求。

2. 电源总开关的选择

由于只需要给 M$_1$、M$_2$、M$_3$ 电动机提供电源，而在控制变压器二次侧的电器在变压器一次侧产生的电流相对较小，因此电源开关 QS 的选择只需要考虑 M$_1$、M$_2$、M$_3$ 的电动机的额定电流和起动电流。由前面已知 M$_1$、M$_2$、M$_3$ 的额定电流分别为 7 A、6 A 和 0.43 A，易计算额定电流之和为 13.43 A，由于功率最大的主轴电动机 M$_1$ 为轻载起动，并且 M$_3$ 为短时工作，因而电源开关的额定电流就选 13 A 左右，具体为：三级转换开关（组合开关），HZ10—25/3 型，额定电流 25 A，所选的型号符合要求。

3. 按钮的选择

根据需要触点的数目、动作要求、使用场合等进行按钮的选择。本设计中，两个起动按钮 SB$_1$、SB$_2$ 选择 LA$_2$ 型按钮，其颜色为绿色。两个停止按钮 SB$_3$、SB$_4$ 选择 LA$_2$ 型按钮，其颜色为黑色。点动按钮 SB$_5$、SB$_6$ 型号相同，其颜色为红色。

4. 熔断器的选择

熔断器 FU$_1$ 对总电源进行短路保护，总电源的电流为 16 A，故选用 RL$_1$ 型熔断器，配用 30 A 熔体，所选的型号符合要求。

熔断器 FU$_2$、FU$_3$、FU$_4$ 的选择将同控制变压器的选择结合进行。

5. 照明灯及灯开关的选择

照明灯 EL 和灯开关 SA$_4$ 成套购置，EL 可选用 JC2 型，交流 36 V，40 W。具体见表 5-2。

表 5-2　元器件列表

符　号	名　称	型号规格	用　途	数　量
M$_1$	电动机	J02-51-4 7.5 kW 1450 r/min	驱动主轴	1
M$_2$	电动机	J02-22-4 1.5 kW 1450 r/min	驱动进给	1
M$_3$	电动机	J02-22-0 0.125 kW 2790 kW	驱动冷却泵	1
QS$_1$	开关	HZ1-60/3J 60 A 500 V	电源总开关	1
QS$_2$	开关	HZ1-10/3J 10 A 500 V	冷却泵开关	1
SA$_1$	开关	HZ1-10/3J 10 A 500 V	换刀制动	1
SA$_2$	开关	HZ1-10/3J 10 A 500 V	圆工作台开关	1
SA$_3$	开关	HZ3-10/3J 60 A 500 V	照明开关	1
FU$_1$	熔断器	RL1-60 60 A	电源总保险	1
FU$_2$	熔断器	RL1-15 5 A	整流电源保险	1
FU$_3$	熔断器	RL1-15 5 A	直流电路保险	1
FU$_4$	熔断器	RL1-15 5 A	控制电路保险	1
FU$_5$	熔断器	RL1-15 1 A	照明保险	1
FR$_1$	热继电器	JR0-20/3 10 A	M$_1$ 过载保护	1
FR$_2$	热继电器	JR0-20/3 0.5 A	M$_3$ 过载保护	1
FR$_3$	热继电器	JR0-20/3 1.5 A	M$_2$ 过载保护	1
TC$_1$	变压器	BK-150 380/110 V	控制电路电源	1
TC$_2$	变压器	BK-50 380/24 V	照明电源	1
TC$_3$	变压器	BK-100 380/36 V	整流电源保险	1
KM$_1$	接触器	CJ0-20 20 A 110 V	主轴起动	1
KM$_2$	接触器	CJ0-10 10 A 110 V	快速进给	1
KM$_3$	接触器	CJ0-10 10 A 110 V	M$_2$ 正转	1
KM$_4$	接触器	CJ0-10 10 A 110 V	M$_2$ 反转	1
SB$_1$ SB$_2$	按钮	LA2	M$_1$ 起动	2
SB$_3$ SB$_4$	按钮	LA2	快速进给	2
SB$_5$ SB$_6$	按钮	LA2	停止制动	2
SQ$_1$	行程开关	LX1-11K	主轴冲动开关	1
SQ$_2$	行程开关	LX3-11K	主轴冲动开关	1
SQ$_3$、SQ$_4$ SQ$_5$、SQ$_6$	行程开关	LX2-13L	M$_2$ 正、反转及连锁	4

　　　　　　　　　　　项目实施

1. 实施内容

1）对 X62W 型铣床控制电路所用的元器件进行分辨和检测。

2）根据电气原理图找出每个元器件在电路板上的位置，并画出安装配线工艺图。

3）按照工艺要求连接控制电路。

2. 工具、仪表及器材

1）工具：测电笔、螺钉旋具、尖嘴钳、斜口钳、剥线钳、电工刀等电工常用工具。

2）仪表：绝缘电阻表、钳形电流表、万用表。

3）元器件：交流电动机、熔断器、断路器、交流接触器、按钮、端子板、紧固体和编码套管、导线等。

3. 实施步骤

1）按表配齐所用的电器元件，并检查元器件质量。

2）根据电路图分析布置图，然后在控制板上合理布置和牢固安装各电器元件，并贴上醒目的文字符号。

3）在控制板上根据电路图进行正确布线和套编码套管。

4）安装交流电动机。

5）连接控制板外部的导线。

6）自检。

7）检查无误后通电试车。认真分析电路的控制要求及特点。

4. 调试训练

1）自检。调试之前用工具对控制电路和主电路先进行初步自我检查。

2）教师示范调试。教师进行示范调试时，可把下述检查步骤及要求贯穿其中，直至调试成功。如果第一次没有调试成功，可以用试验法来观察现象→用逻辑分析法缩小故障范围，并在电路图上用虚线标出可能出现问题部位的最小范围→用测量法正确迅速地找出问题点→修复→再通电试车。

3）学生调试训练。教师示范调试后，再由各组长带领小组成员进行调试训练。在学生调试的过程中，教师要巡回进行启发性的指导。

5. 注意事项

安装注意事项：

1）通电试车前要认真检查接线是否正确、牢靠；各电器动作是否正常，有无卡阻现象。

2）若遇异常情况，应立即断开电源停车检查。若带电检查，必须有指导教师在现场监护。

3）训练应在规定的定额时间内完成，同时要做到安全操作和文明生产。

调试注意事项：

1）要认真听取和仔细观察指导教师在示范过程中的讲解和调试操作。

2）要熟练掌握电路图中各个环节的作用。

3）调试过程的分析、排除问题的思路和方法要正确。

4）工具和仪表使用要正确。

5）不能随意更改电路和带电触摸电器元件。

6）带电时，必须有教师在现场监护，并要确保用电安全。

7）调试必须在规定的时间内完成。

学习活动六　　　　　　　成果展示并汇报

项目实施完毕后，请其中两个小组的组长来展示一下各自团队的成果，并请本组成员进行记录，把记录内容填到下面的表5-3中。

表5-3　展示板

汇报人员	电路展示图	展示内容分析

学习活动七　　　　　　　项目评价

本项任务的评价标准如表5-4所示。任务评价由学生自评、小组互评与教师评价相结合，其中学生自评占总成绩的20%、小组互评占总成绩的30%、教师评价占总成绩的50%。

表5-4　评价标准

考核项目	考核内容	考核要求	评分要点及得分 （最高为该项配分值）	配分	得分		
					自评	互评	师评
职业能力	电路设计	1. 理解电气控制系统的控制特点与实现方法，能够根据提出的电气控制要求，正确绘出继电器-接触器电气控制系统原理图 2. 各电器元件的图形符号及文字符号要求按照国标符号绘制 3. 能够根据电气原理图列出主要元器件明细表	1. 主电路设计1处错误扣5分 2. 控制电路设计1处错误扣5分 3. 图形符号画法有误，每处扣1分 4. 元器件明细表有误，每处扣2分	30			
	元器件安装	1. 按图样的要求，正确使用工具和仪表，熟练安装电器元件 2. 元器件在配电板上布置要合理，安装要准确、紧固 3. 按钮盒不固定在控制板上	1. 元器件布置不整齐、不匀称、不合理，每个扣1分 2. 元器件安装不牢固、安装元器件时漏装螺钉，每只扣1分 3. 损坏元器件，每只扣2分 4. 走线槽板布置不美观、不符合要求，每处扣2分	10			

考核项目	考核内容	考核要求	评分要点及得分 （最高为该项配分值）	配分	得分		
					自评	互评	师评
职业能力	电路安装	1. 电路安装要求美观、紧固、无毛刺，导线要进行线槽 2. 电源和电动机配线、按钮接线要接到端子排上，进出线槽的导线要有端子标号	1. 接线要符合安全性、规范性、正确性、美观性，接线不进行线槽，不美观，有交叉线，每处扣 1 分；接点松动、露铜过长、反圈、压绝缘层，标记线号不清楚、遗漏或误标，每处扣 1 分 2. 损伤导线绝缘或线芯，每根扣 1 分 3. 导线颜色、按钮颜色使用错误，每处扣 2 分	30			

	通电模拟调试	1. 根据所给电动机容量，正确选择熔断器熔体；正确整定热继电器的整定电流值
		2. 在保证人身和设备安全的前提下，通电模拟调试成功，电气控制电路符合控制要求
		3. 观察电路工作现象并判断正确与否
			1. 主、控电路配错熔体，每个扣 1 分；热继电器整定电流值错误，每处扣 2 分
			2. 熟悉调试过程，调试步骤一处错误扣 3 分
			3. 能在调试过程中正确使用万用表，根据所测数据判断电路是否出现故障，否则每处扣 2 分
			4. 一次试车不成功扣 5 分；
			    二次试车不成功扣 10 分；
			    三次试车不成功扣 15 分
				15			

职业素质	安全文明操作	1. 劳动保护用品穿戴整齐，电工工具佩带齐全 2. 安全、正确、合理使用电器元件 3. 遵守安全操作规程	1. 未做相应的职业保护措施，扣 2 分 2. 损坏元件一次，扣 2 分 3. 引发安全事故，扣 5 分	5			
	团队协作精神	1. 尊重指导教师与同学，讲文明礼貌 2. 分工合理、能够与他人合作、交流	1. 分工不合理，承担任务少，扣 5 分 2. 小组成员不与他人合作，扣 3 分 3. 不与他人交流，扣 2 分	5			
	劳动纪律	1. 遵守各项规章制度及劳动纪律 2. 训练结束要养成清理现场的习惯	1. 违反规章制度一次，扣 2 分 2. 不做清洁整理工作，扣 5 分 3. 清洁整理效果差，酌情扣 2~5 分	5			
合计				100			

备注	自评学生签字：	自评成绩	
	互评学生签字：	互评成绩	
	指导老师签字：	师评成绩	
	总成绩 （自评成绩×20%＋互评成绩×30%＋教师评价成绩×50%）		

子项目 5.2　X62W 型万能铣床控制电路的故障分析及检修

学习活动一　　　　接受项目，明确要求

　　小李跟着车间师傅学习如何使用铣床的过程中，突然铣床的圆工作台不能操作了，这可

急坏了小王，眼看加工工作不能完成了，那么故障该如何分析、检修并排除呢？

本项目是根据 X62W 型万能铣床的故障现象和电气图样利用仪表工具检测电路并分析控制电路中故障点的具体位置，并修复电路。

学习活动二　　　　小组讨论，自主获取信息

【信息 1】电压分段测量法

将电气控制电路分成若干段，用电压档分别测量各段电压值，通过电压测量，判别电路是否正常的方法称为电压分段测量法。

测量步骤如下：

首先接通电源，把万用表置电压档。然后逐段分别测量相邻两点 1-2、2-3、3-4、4-5、5-6、6-0 的电压，如图 5-35 所示。当测量到某标号时，若电压值与理论值不同，说明表笔与刚跨过的触点或连接处有问题。

【信息 2】电压分段测量法检测举例

请对图 5-36 电路进行故障检测，注意检测时，接通电源电路，把万用表置电压档，按下按钮 SB_2 不放，逐段测量 1-3、3-5、5-7、7-9、9-11、11-0 的电压值。

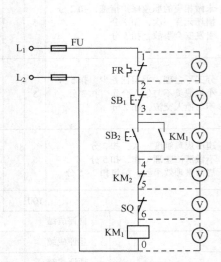

图 5-35　电压分段测量法

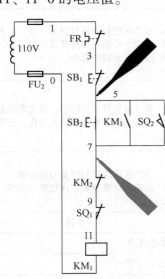

图 5-36　电路故障举例图

正常情况下：

1-3 电压为 0；

3-5 电压为 0；

5-7 电压为 0；

7-9 电压为 0；

9-11 电压为 0；

11-0 电压为 110 V。

请分析：如果测量结果如下，可能的故障点在什么部位？

1-3 电压为 0；

3-5 电压为 0；

5-7 电压为 0；

7-9 电压为 0；

9-11 电压为 110 V；

11-0 电压为 0。

故障部位是 9-11。

学习活动三　　　　小组制订计划

请根据项目要求，结合小组讨论后获取的信息点，小组共同制订本项目的故障排除记录单，组长作为检修负责人，分派组员为检修人员，并把检修过程填写到记录单中，见表 5-5。

表 5-5　故障排除任务单

机床故障检修记录单					
检修部门		检修人员		检修人员编号	
机床场地		机床型号		检修时间	
检修内容					
机床故障分析		故障现象			分析故障点
机床故障排除	序号	检修过程记录		检修结果	检修组长意见
				□正确排除 □未正确排除	
				□正确排除 □未正确排除	
检修组长测评检修员	□能够分析典型机床电气控制电路的工作原理 □会结合电气原理图和检修工具找出机床的故障点 □可以总结常见故障及故障现象				
素质评价	□安全着装　　　　　　□规范使用工具　　　　　□遵守实训纪律 □出勤情况（迟到）　　□具有团队协作精神　　　□工作态度认真				
报修部门验收意见	1. 素质评价（4 分） 2. 故障分析（4 分） 3. 故障排除（2 分） 　　　　　　　　　　　　　　　　　　　　检修组长签字： 　　　　　　　　　　　　　　　　　　　　报修负责人签字： 　　　　　　　　　　　　　　　　　　　　　　　年　　月　　日				

| 学习活动四 | 教师点睛，引导解惑 |

【引导1】 X62W 型万能铣床的带故障点的图样分析

以亚龙 156A 实训装置为例进行分析。

1. 主轴电动机的控制

控制电路的起动按钮 SB₁ 和 SB₂ 是异地控制按钮，方便操作。SB₃ 和 SB₄ 是停止按钮。KM₃ 是主轴电动机 M₁ 的起动接触器，KM₂ 是主轴反接制动接触器，SQ₇是主轴变速冲动开关，KS 是速度继电器，如图 5-37 所示。

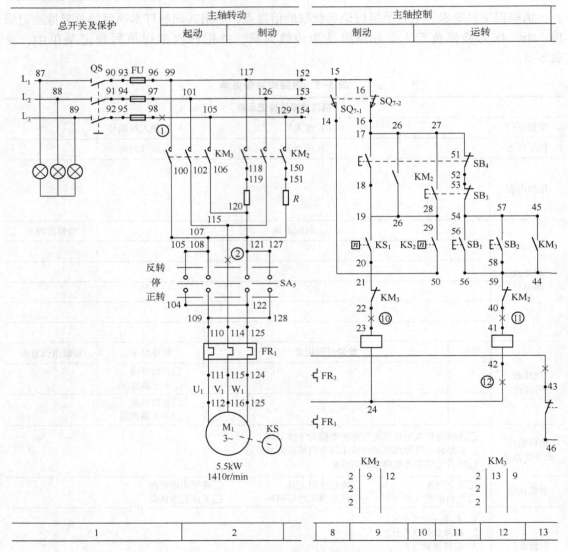

图 5-37　主轴电动机的故障分析

（1）主轴电动机的起动

起动前先合上电源开关 QS，再把主轴转换开关 SA₅ 扳到所需要的旋转方向，然后按起

动按钮 SB_1（或 SB_2），接触器 KM_3 获电动作，其主触点闭合，主轴电动机 M_1 起动。

（2）主轴电动机的停车制动

当铣削完毕，需要主轴电动机 M_1 停车，此时电动机 M_1 运转速度在 120 r/min 以上时，速度继电器 KS 的常开触点闭合（9 区或 10 区），为停车制动做好准备。当要 M_1 停车时，就按下停止按钮 SB_3（或 SB_4），KM_3 断电释放，由于 KM_3 主触点断开，电动机 M_1 断电做惯性运转，紧接着接触器 KM_2 线圈获电吸合，电动机 M_1 串电阻 R 反接制动。

当转速降至 120 r/min 以下时，速度继电器 KS 常开触点断开，接触器 KM_2 断电释放，停车反接制动结束。

（3）主轴的冲动控制

当需要主轴冲动时，按下冲动开关 SQ_7，SQ_7 的常闭触点 SQ_{7-2} 先断开，而后常开触点 SQ_{7-1} 闭合，使接触器 KM_2 通电吸合，电动机 M_1 起动，冲动完成。

2. 工作台进给电动机控制

转换开关 SA_1 是控制圆工作台的，在不需要圆工作台运动时，转换开关扳到"断开"位置，此时 SA_{1-1} 闭合，SA_{1-2} 断开，SA_{1-3} 闭合；当需要圆工作台运动时，将转换开关扳到"接通"位置，则 SA_{1-1} 断开，SA_{1-2} 闭合，SA_{1-3} 断开，如图 5-38 所示。

（1）工作台纵向进给

工作台的左右（纵向）运动是由装在床身两侧的转换开关跟开关 SQ_1、SQ_2 来完成，需要进给时把转换开关扳到"纵向"位置，按下开关 SQ_1，常开触点 SQ_{1-1} 闭合，常闭触点 SQ_{1-2} 断开，接触器 KM_4 通电吸合，电动机 M_2 正转，工作台向右运动；当工作台要向左运动时，按下开关 SQ_2，常开触点 SQ_{2-1} 闭合，常闭触点 SQ_{2-2} 断开，接触器 KM_5 通电吸合，电动机 M_2 反转，工作台向左运动。在工作台上设置有一块挡铁，两边各设置有一个行程开关，当工作台纵向运动到极限位置时，挡铁撞到位置开关，工作台停止运动，从而实现纵向运动的终端保护。

（2）工作台升降和横向（前后）进给

由于本产品无机械机构，不能完成复杂的机械传动，只能通过操纵装在床身两侧的转换开关跟开关 SQ_3、SQ_4 来完成工作台上下和前后运动。在工作台上也分别设置一块挡铁，两边各设置一个行程开关，当工作台升降和横向运动到极限位置时，挡铁撞到位置开关，工作台停止运动，从而实现纵向运动的终端保护。

（3）工作台向上（下）运动

在主轴电动机起动后，把装在床身一侧的转换开关扳到"升降"位置，再按下按钮 SQ_3（SQ_4），SQ_3（SQ_4）常开触点闭合，SQ_3（SQ_4）常闭触点断开，接触器 KM_4（KM_5）通电吸合，电动机 M_2 正（反）转，工作台向下（上）运动。到达想要的位置时松开按钮，工作台停止运动。

（4）工作台向前（后）运动

在主轴电动机起动后，把装在床身一侧的转换开关扳到"横向"位置，再按下按钮 SQ_3（SQ_4），SQ_3（SQ_4）常开触点闭合，SQ_3（SQ_4）常闭触点断开，接触器 KM_4（KM_5）通电吸合电动机 M_2 正（反）转，工作台向前（后）运动。到达想要的位置时，松开按钮工作台停止运动。

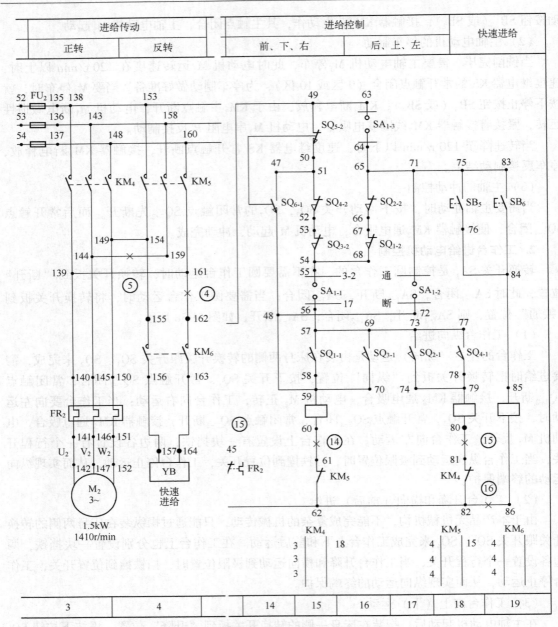

图 5-38　工作台进给电动机的故障分析

3. 联锁问题

（1）联锁保护

真实机床在上下前后四个方向进给时，又操作纵向控制这两个方向的进给，将造成机床重大事故，所以必须进行联锁保护。当上下前后四个方向进给时，若操作纵向任一方向，SQ_{1-2} 或 SQ_{2-2} 两个开关中的一个被压开，接触器 KM_4（KM_5）立刻失电，电动机 M_2 停转，从而得到保护。

同理，当纵向操作时又操作某一方向而选择了向左或向右进给时，SQ_1 或 SQ_2 被压着，

它们的常闭触点 SQ_{1-2} 或 SQ_{2-2} 是断开的，接触器 KM_4 或 KM_5 都由 SQ_{3-2} 和 SQ_{4-2} 接通。若发生误操作，而选择上、下、前、后某一方向的进给，就一定使 SQ_{3-2} 或 SQ_{4-2} 断开，使 KM_4 或 KM_5 断电释放，电动机 M_2 停止运转，避免了机床事故。

（2）进给冲动

真实机床为使齿轮进入良好的啮合状态，将变速盘向里推。在推进时，挡块压动位置开关 SQ_6，首先使常闭触点 SQ_{6-2} 断开，然后常开触点 SQ_{6-1} 闭合，接触器 KM_4 通电吸合，电动机 M_2 起动。但它并未转起来，位置开关 SQ_6 已复位，首先断开 SQ_{6-1}，而后闭合 SQ_{6-2}。接触器 KM_4 失电，电动机失电停转。这样，电动机接通一下电源，齿轮系统产生一次抖动，使齿轮啮合顺利进行。要冲动时按下冲动开关 SQ_6，模拟冲动。

（3）工作台的快速移动

在工作台向某个方向运动时，按下按钮 SB_5 或 SB_6（两地控制），接触器 KM_6 通电吸合，它的常开触点（4区）闭合，电磁铁 YB 通电（指示灯亮）模拟快速进给。

（4）圆工作台的控制

把圆工作台控制开关 SA_1 扳到"接通"位置，此时 SA_{1-1} 断开，SA_{1-2} 接通，SA_{1-3} 断开，主轴电动机起动后，圆工作台即开始工作，其控制电路是：电源—SQ_{4-2}—SQ_{3-2}—SQ_{1-2}—SQ_{2-2}—SA_{1-2}—KM_4 线圈—电源。接触器 KM_4 通电吸合，电动机 M_2 运转。

真实万能铣床为了扩大机床的加工能力，安装带有圆工作台，这样可以进行圆弧或凸轮的铣削加工。拖动时，所有进给系统均停止工作，只让圆工作台绕轴心回转。该电动机带动一根专用轴，使圆工作台绕轴心回转，铣刀铣出圆弧。在圆工作台开动时，其余进给一律不准运动，若有误操作动了某个方向的进给，则必然会使开关 $SQ_1 \sim SQ_4$ 中的某一个常闭触点断开，使电动机停转，从而避免了机床事故的发生。按下主轴停止按钮 SB_3 或 SB_4，主轴停转，圆工作台也停转。

4. 冷却照明控制

要起动冷却泵时，扳动开关 SA_3，接触器 KM_1 通电吸合，电动机 M_3 运转冷却泵起动。机床照明是由变压器 TC 供给 36 V 电压，工作灯由 SA_4 控制，如图 5-39 所示。

【引导 2】用电压分段测量法对 X62W 型铣床故障检修

带故障点的 X62W 型铣床原理图如图 5-40 所示。

故障现象：

1）主轴电动机正、反转均缺一相，进给电动机、冷却泵缺一相，控制变压器及照明变压器均没电。

2）主轴电动机无论正、反转均缺一相。

3）进给电动机反转缺一相。

4）快速进给电磁铁不能动作。

5）照明及控制变压器没电，照明灯不亮，控制电路失效。

6）控制变压器没电，控制电路失效。

7）照明灯不亮。

8）控制电路失效。

9）控制电路失效。

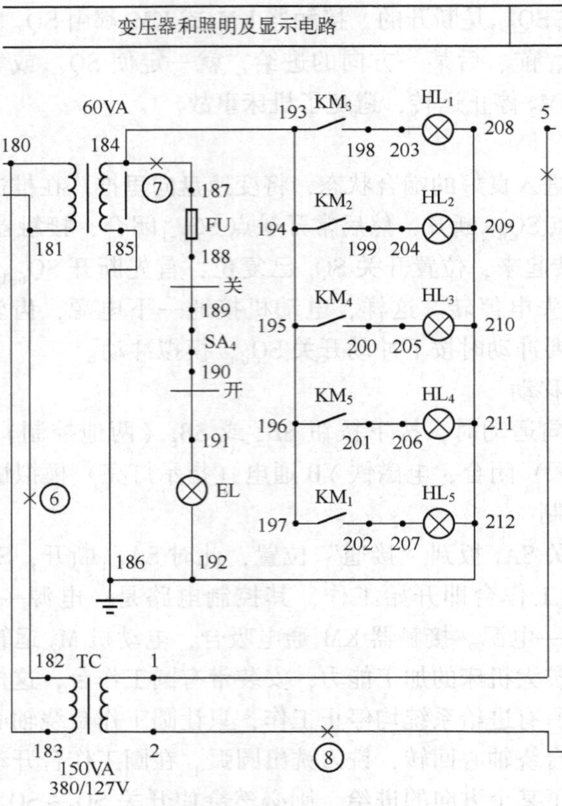

变压器和照明及显示电路	

图 5-39　照明电路故障分析

10）主轴制动失效。

11）主轴不能起动。

12）主轴不能起动。

13）工作台进给控制失效。

14）工作台向下、向右、向前进给控制失效。

15）工作台向后、向上、向左进给控制失效。

16）两处快速进给全部失效。

学习活动五　　　　　　　　　　　　　　项目实施

1. 实施内容

1）能够根据 X62W 铣床出现的故障现象分析故障点的具体位置；

2）用工具完成 X62W 铣床床主电路和控制电路若干故障的检查并恢复；

2. 工具、仪表及器材

1）工具：测电笔、螺钉旋具、尖嘴钳、斜口钳、剥线钳、电工刀等电工常用工具。

2）仪表：绝缘电阻表、钳形电流表、万用表。

3）元器件：机床故障板、计算机、紧固体和编码套管、导线等。

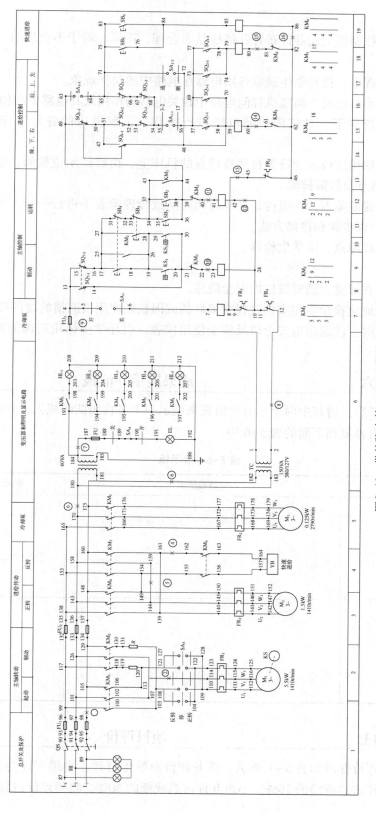

图5-40　带故障点的X62W万能铣床原理图

3. 实施步骤

1）检查模拟控制板上元器件布置及接线是否合理、正确，对于不合理的、不正确的及时纠正。

2）在通电过程中，指导学生观察各用电器在电路中的动作现象。

3）通电后，小组成员之间随机提问电路中相关电器的作用及其电路中的相关问题。

4）在教师的指导下，对机床控制电路进行操作，了解机床的各种工作状态及操作方法。

5）在有故障的机床或人为设置自然故障点的机床上，由教师示范检修，边分析、边检修，直至找出故障点及故障排除。

6）由组长设置故障点，小组讨论并练习如何从故障现象着手进行分析，逐步引导学生如何采用正确的检查步骤和检修方法。

7）教师设置故障点，由学生检修。

4. 注意事项

1）及时处理在课堂上随时发生的安全隐患。

2）及时维修或更换学生在实训过程中损坏的或因长期使用被磨损的器件和工量具。

3）检修故障时，注意用电安全以及安全使用仪表。引导学生运用正确的思路进行故障的排查。

学习活动六　　　　　　　　　成果展示并汇报

项目实施完毕后，请其中两个小组的组长来展示一下各自团队的成果，并请本组成员进行记录，把记录内容填到下面的表5-6中。

表5-6　展示板

汇报人员	电路展示图	展示内容分析

学习活动七　　　　　　　　　项目评价

本项任务的评价标准如表5-7所示。任务评价由学生自评、小组互评与教师评价相结合，其中学生自评占总成绩的20%、小组互评占总成绩的30%、教师评价占总成绩的50%。

表 5-7　评价标准

考核项目	考核内容	考核要求	评分要点及得分 （最高为该项配分值）	配分	得分		
					自评	互评	师评
职业能力	故障分析	1. 理解电气控制系统的控制特点与实现方法，能够根据提出的电气控制要求，正确分析电气控制系统原理图 2. 能够根据故障点位置分析故障现象	1. 标不出故障线段或错标在故障回路以外，每个故障点扣 1 分 2. 不能标出最小故障范围，每个故障点扣 1 分 3. 在实际排故分析中思路不清楚，扣 1 分	20			
	故障排除	1. 根据故障现象正确判断故障范围并逐步缩小 2. 在保证人身和设备安全的前提下，进行故障排除并记录	1. 不能排除故障点，每个扣 1 分 2. 扩大故障范围或产生新的故障后不能自行修复，每个扣 2 分；已经修复，每个故障扣 1 分 3. 损坏电动机扣 3 分 4. 排除故障的方法不正确，每个故障点扣 1 分	30			
职业素质	安全文明操作	1. 劳动保护用品穿戴整齐，电工工具佩带齐全 2. 安全、正确、合理使用电器元件 3. 遵守安全操作规程	1. 未做相应的职业保护措施，扣 2 分 2. 损坏元器件一次，扣 2 分 3. 引发安全事故，扣 5 分	20			
	团队协作精神	1. 尊重指导教师与同学，讲文明礼貌 2. 分工合理、能够与他人合作、交流	1. 分工不合理，承担任务少，扣 5 分 2. 小组成员不与他人合作，扣 3 分 3. 不与他人交流，扣 2 分	15			
	劳动纪律	1. 遵守各项规章制度及劳动纪律 2. 训练结束要养成清理现场的习惯	1. 违反规章制度一次，扣 2 分 2. 不做清洁整理工作，扣 5 分 3. 清洁整理效果差，酌情扣 2~5 分	15			
合计				100			

备注	自评学生签字：		自评成绩	
	互评学生签字：		互评成绩	
	指导老师签字：		师评成绩	
	总成绩 （自评成绩×20%＋互评成绩×30%＋教师评价成绩×50%）			

项目 6　镗床电路的装调与故障检修

项目教学目标

知识能力： 会分析典型镗床（例如 T68 型镗床）基本结构、工作过程和电气图样。

技能能力： ① 能够根据 T68 型镗床控制电路正确选择电器元件并安装。

② 会熟练地进行 T68 型镗床电气控制电路的配盘，并自检后通电调试。

③ 在机床出现故障的情况下，会根据故障现象结合图样进行故障的诊断与排除。

社会能力： ① 通过团队的合作来完成项目，培养学生的团队协作精神。

② 通过收集资料、制订工作计划来完成项目的实施，形成自主学习、尊重科学、实事求是的科学态度。

③ 在实践中培养学生核心素养，使学生更加适应社会的发展，实现纵深学习、全面发展的目标。

子项目 6.1　T68 型镗床控制电路的安装与调试

> **学习活动一**　　　　　　　　　　　　**接受项目，明确要求**

某机床装配厂要装配几台 T68 型镗床，小赵跟着车间师傅学习认识镗床以及如何安装与调试镗床的电气控制电路。

本项目是根据 T68 镗床的电气原理图合理选择电器元件、利用工具安装镗床电气控制电路并上电调试。

> **学习活动二**　　　　　　　　　　　　**小组讨论，自主获取信息**

【信息 1】电气电路的设计方法

电气控制电路的设计方法通常有两种。

一种是一般设计法，也叫经验设计法、分析设计法。它是根据生产工艺要求，利用各种典型的电路环节，直接设计控制电路。它的特点是无固定的设计程序和设计模式，灵活性很大，主要靠经验进行。这种设计方法比较简单，但要求设计人员必须熟悉大量的控制电路，掌握多种典型电路的设计资料，同时具有丰富的设计经验。在设计过程中往往还要经过多次反复的修改、试验，才能使电路符合设计要求。即使这样，设计出来的电路可能不是最简化电路，所用的电器及触点不一定是最少，所得出的方案也不一定是最佳方案。

另一种是逻辑设计法，它是根据生产工艺要求，利用逻辑代数来分析、设计电路。用这种方法设计的电路比较合理，特别适合完成较复杂的生产工艺所要求的控制电路。但是相对而言，逻辑设计法难度较大，不易掌握。

1. 经验设计法

经验设计法主要包括主电路、控制电路和辅助电路的设计。主电路的设计包括电动机的起动、点动、正反转、制动和调速的设计。控制电路的设计主要包括基本控制电路和特殊部分的设计以及控制参量的确定，主要目标是满足电动机的各种运转功能和工艺要求。辅助电路的设计主要包括各种联锁环节以及短路、过载、过流等保护环节的设计，完善整个控制电路的设计。最后进行电路的综合审查，反复审查所设计的控制电路是否满足了设计的原则和生产工艺的要求。下面通过三条皮带运输机电气控制电路设计实例来说明电气控制电路的经验设计方法。

2. 逻辑设计法

逻辑设计法是利用逻辑代数这一数学工具来设计电气控制电路，即根据生产工艺要求，将控制电路中的接触器、继电器等电气元器件线圈的通电与断电，触点的闭合与断开，以及主令元件的接通与断开等均看成逻辑变量，并根据控制要求将它们之间的关系用逻辑函数关系式来表达，然后再运用逻辑函数基本公式和运算规律进行简化，使之成为最简单的"与""或"关系式，设计出符合生产工艺要求的电气控制电路。

（1）逻辑变量

在逻辑代数中，将具有两种相反工作状态的物理量称为逻辑变量。例如，继电器、接触器等电气元器件线圈的得电与失电，触点的闭合与断开等。这里线圈和触点相当于一个逻辑变量，其相反的两种工作状态可用逻辑变量"0"和"1"表示，通常用 KM、K、SQ…分别表示接触器、继电器、行程开关等电器的常开触点，$\overline{KM}$、$\overline{K}$、$\overline{SQ}$…表示常闭触点。电气元器件的线圈通电为"1"状态，线圈失电为"0"状态；触点闭合为"1"状态，触点断开为"0"状态；行程开关触点闭合为"1"状态，触点断开为"0"状态。

（2）基本逻辑运算

在继电接触式电气控制电路中，把表示触点状态的逻辑变量称为输入逻辑变量，把表示接触器、继电器等受控元器件的逻辑变量称为输出逻辑变量，输出逻辑变量与输入逻辑变量之间所满足的相互关系称为逻辑函数关系。

1）逻辑与——触点串联。图 6-1a 所示的串联电路就实现了逻辑与的运算。

逻辑与的关系表达式为 $KM = K_1 \cdot K_2$。

逻辑与运算用符号"·"表示（也可省略）。接触器的状态就是其线圈 KM 的状态。电路接通，即 K_1、K_2 都为 1 时，线圈 KM 通电，则 $KM = 1$；如电路断开，即只要 K_1、K_2 有一个为 0 时，线圈 KM 失电，则 $KM = 0$。

2）逻辑或——触点并联。图 6-1b 所示的并联电路就实现了逻辑或运算。

逻辑或的关系表达式为 $KM = K_1 + K_2$。

逻辑或运算用符号"+"表示。只要 K_1、K_2 有一个为 1，则 $KM = 1$；只有当 K1、K2 全为 0 时，$KM = 0$。

3）逻辑非——动断触点。逻辑非的关系表达式为 $KM = \overline{K}$。

图 6-1c 所示电路实现了常闭触点与接触器 KM 线圈串联的逻辑非电路。当 K=1 时，常闭触点 K 断开，KM=0；当 K=0 时，常闭触点 K 闭合，KM=1。

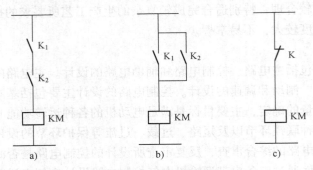

图 6-1 逻辑运算电路

a）逻辑与电路 b）逻辑或电路 c）逻辑非电路

（3）逻辑代数的基本定理

交换律：$A \cdot B = B \cdot A$ | $A + B = B + A$

结合律：$A \cdot (B \cdot C) = (A \cdot B) \cdot C$ | $A + (B + C) = (A + B) + C$

分配率：$A \cdot (B + C) = A \cdot B + A \cdot C$ | $A + B \cdot C = (A + B) \cdot (A + C)$

吸收律：$A \cdot AB = A$ | $A \cdot (A + B) = A$

$A + \overline{A}B = A + B$ | $\overline{A} + A \cdot B = \overline{A} + B$

重叠律：$A \cdot A = A$ | $A + A = A$

非非律：$\overline{\overline{A}} = A$

反演律：$\overline{A + B} = \overline{A} \cdot \overline{B}$ | $\overline{A \cdot B} = \overline{A} + \overline{B}$

（4）逻辑代数的化简

一般来说，原始逻辑表达式都较为繁琐，涉及的变量较多，根据这些表达式设计出的电气控制电路图也较为复杂。因此，在保证逻辑功能不变的前提下，可以用逻辑代数的定理和法则将原始的逻辑表达式进行化简，从而得到较为简单的电气控制电路图。

1）化简时常用的常量和变量关系为：$A + 0 = A$；$A \cdot 0 = 0$；$A + 1 = 1$；$A \cdot 1 = A$；$A + \overline{A} = 1$；$A \cdot \overline{A} = 0$。

2）常用的方法如下。

合并项法：根据 $A + \overline{A} = 1$ 将两项合为一项。

例如：$AB\overline{C} + ABC = AB$。

吸收法：根据 $A + AB = A$ 消去多余的因子。

例如：$B + ABDF = B$。

消去法：根据 $A + \overline{A}B = A + B$ 消去多余的因子。

例如：$\overline{A} + AB + DEF = \overline{A} + B + DEF$。

配项法：根据 $A \cdot 1 = A$，$A + 0 = A$ 来进行化简。

例如：化简逻辑表达式 $f(KM) = K_1 \cdot K_2 + \overline{K_1} \cdot K_3 + K_2 \cdot K_3$。

化简：

$$f(\text{KM}) = K_1 \cdot K_2 + \overline{K_1} \cdot K_3 + K_2 \cdot K_3$$
$$= K_1 \cdot K_2 + \overline{K_1} \cdot K_3 + K_2 \cdot K_3(K_1 + \overline{K_1})$$
$$= K_1 \cdot K_2 + \overline{K_1} \cdot K_3 + K_2 \cdot K_3 \cdot K_1 + K_2 \cdot K_3 \cdot \overline{K_1})$$
$$= K_1 \cdot K_2(1 + K_3) + \overline{K_1} \cdot K_3 \cdot (1 + K_2)$$
$$= K_1 \cdot K_2 + \overline{K_1} \cdot K_3$$

因此，图 6-2a 化简后即可得到图 6-2b 所示电路，并且图 6-2a 与图 6-2b 所示电路在功能上等效。

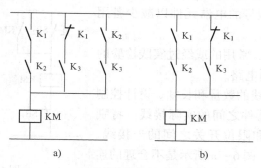

图 6-2　两个相等函数的等效电路

3. 逻辑设计法的基本步骤

电气控制电路一般由输入电路和输出电路组成。

输入电路主要由主令元件、检测元件组成。主令元件包括按钮、开关、主令控制器等，其功能是实现电动机的起动、停止及紧急制动等；检测元件包括行程开关、速度继电器等，其功能是检测物理量，作为程序自动切换时的控制信号。

输出电路由中间记忆元件和执行元件组成。中间记忆元件即继电器，其功能是记忆输入信号的变化，使按顺序变化的状态相区分开来；执行元件的基本功能是驱动生产机械的运动，满足生产工艺的要求，它可以分为有记忆功能和无记忆功能两种，接触器、继电器等属于前者，电磁阀、电磁铁属于后者。

逻辑设计法的步骤如下：

1）按照生产工艺要求，确定执行元件和检测元件，作出工作循环示意图。根据工作循环示意图作出执行元件和检测元件的动作节拍表和状态表。

2）根据主令元件和检测元件状态表写出每个状态的方程，并增设必要的中间记忆元件，列出中间记忆元件的开关逻辑函数和执行元件的逻辑函数。

3）根据逻辑函数式建立电气控制电路图。

4）进一步完善电路，增加必要的保护和联锁环节。

【信息 2】电气控制系统设计的基本原则

一般来说，当生产机械的电力拖动方案和控制方案已经确定以后，就可以进行电气控制电路的具体设计工作了。电气控制电路的设计没有固定的方法和模式，作为设计人员，必须不断扩展自己的知识面，总结经验，丰富自己的知识，设计出合理的、性价比高的电气电路。下面介绍在设计中应遵循的一般原则。

1. 最大限度地实现生产机械和工艺对电气控制系统的要求

电气控制系统是为整个生产机械设备及其工艺过程服务的。因此，设计之前，首先要弄清楚生产机械设备需满足的生产工艺要求，对生产机械设备的整个工作情况作一全面、细致的了解。同时深入现场调查研究，收集资料，并结合技术人员及现场操作人员的经验，以此作为设计电气控制电路的基础。

2. 在满足生产工艺要求的前提下控制电路应简单经济

1）尽量选用标准电器元件，尽量减少电器元件的数量，尽量选用相同型号的电器元件以减少备用品的数量。

2）尽量选用标准的、常用的或经过实践检验的典型环节或基本电气控制电路。

3）尽量减少连接导线的数量和长度。设计控制电路时，应考虑到各元器件之间的实际接线。特别要注意电气柜、操作台和限位开关之间的连接线。图 6-3 所示为连接导线，图 6-3a 所示是不合理的连线方法，图 6-3b 所示是合理的连线方法。因为按钮

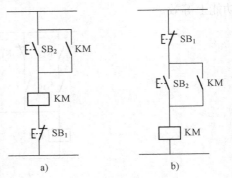

图 6-3　连接导线

在操作台上，而接触器在电气柜内，一般都将起动按钮和停止按钮直接连接，这样就可以减少一次引出线。

4）减少不必要的触点，从而简化电气控制电路。在满足工艺要求的前提下，使用的电气元器件越少，电气控制电路中所涉及的触点数量也越少，因此控制电路越简单，同时还可以提高控制电路的工作可靠性，降低故障率。

① 合并同类触点。图 6-4 中列举了一些触点简化与合并的例子。

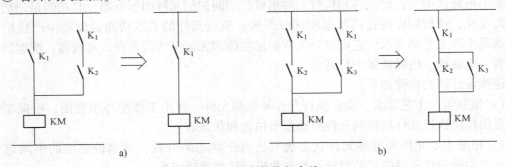

图 6-4　触点简化与合并

② 利用转换触点的方式。利用具有转换触点的中间继电器将两对触点合并成一对转换触点，如图 6-5 所示。

③ 利用半导体二极管减少触点的数目。如图 6-6 所示，利用半导体二极管的单向导电性可以减少一个触点。这种方法适用于控制电路中所用电源为直流电源的场合。

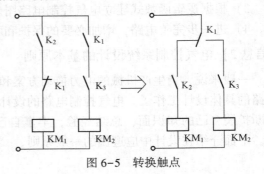

图 6-5　转换触点

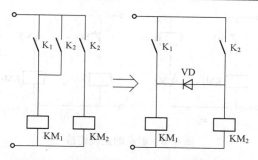

图 6-6 利用半导体二极管减少触点的数目

5）控制电路在工作时，除必要的电器必须通电外，其余的电器尽量不通电以节约电能。以异步电动机丫-△减压起动的控制电路为例，如图 6-7 所示。在电动机起动后，接触器 KM_3 和时间继电器 KT 就失去了作用，可以在起动后利用 KM_2 的常闭触点切除 KM_3 和 KT 线圈的电源。

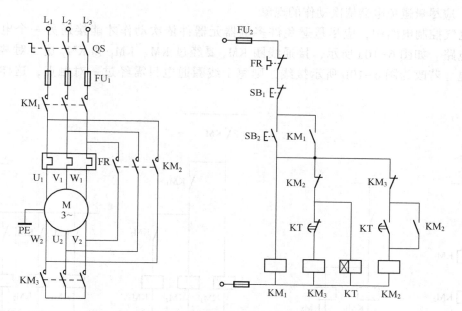

图 6-7 按时间原则控制丫-△减压起动控制电路原理图

3. 保证电气控制电路工作的可靠性

保证电气控制电路工作的可靠性，最主要的是选择可靠的电器元件，同时在具体电路设计中应注意以下几点：

（1）正确连接电器元件的触点

在设计控制电路时，应使分布在电路不同位置的同一电器元件触点尽量接到同一个或尽量共接同一等位点，以避免在电器触点上引起短路。如图 6-8a 所示，限位开关 SQ 的常开触点接在电源的一相，常闭触点接在电源的另一相上，当触点断开产生电弧时，可能在两触点间形成飞弧造成短路。如改成图 6-8b 所示的形式，由于两触点间的电位相同，就不会造成电源短路。

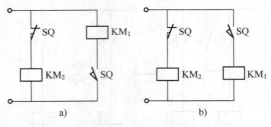

图 6-8　触点的正确连接

（2）正确连接电器的线圈

电压型电磁式电器的线圈不能串联使用，如图 6-9 所示。即使外加电压是两个线圈的额定电压之和，也是不允许的。因为两个电器动作总是有先有后，有一个电器吸合动作，它线圈上的电压降也相应增大，从而使另一个电器达不到所需的动作电压。因此，若需要两个电器元件同时工作，其线圈应并联连接。

（3）应尽量避免电器依次动作的现象

在电气控制电路中，应尽量避免许多电器元器件依次动作才能接通另一个电器元件的控制电路。如图 6-10a 所示，接通线圈 KM_3 要经过 KM、KM_1 和 KM_2 这 3 对常开触点方可得电。若改为图 6-10b 所示接线，则每个线圈通电只需经过一对触点，这样可靠性更高。

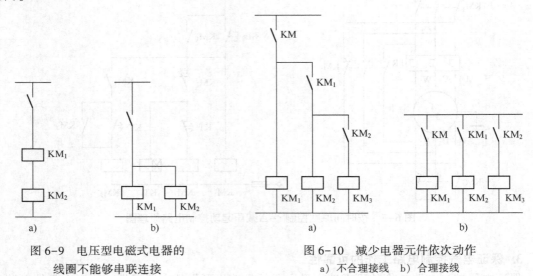

图 6-9　电压型电磁式电器的
线圈不能够串联连接

图 6-10　减少电器元件依次动作
a）不合理接线　b）合理接线

（4）避免出现寄生电路

在电气控制电路的动作过程中，发生意外接通的电路称为寄生电路。寄生电路将破坏电器元件和控制电路的工作顺序或造成误动作。在正常工作时，电路能完成正反转起动、停止和信号指示，但当电动机过载、热继电器 FR 动作时，电路就出现了寄生电路，如图 6-11 虚线所示。这样使正向接触器 KM_1 不能释放，起不到保护作用。

（5）避免发生触点"竞争"与"冒险"现象

由于任何一种电器元件从一种状态到另一种状态都有一定的动作时间，对一个控制电路来说，改变某一控制信号后，由于触点和线圈动作时间之间的配合不当，可能会出现与控制预定结果相反的结果。这时控制电路就存在着潜在的危险——"竞争"。另外，由于电器元件的固有释放延时作用，因此也会出现开关电器不按要求的逻辑功能转换状态的可能性，这种现象称为"冒险"。"竞争"与"冒险"现象都造成控制电路不能按要求动作，引起控制失灵，如图 6-12 所示。当 K 闭合时，接触器 KM₁、KM₂ 竞争吸合，只有经过多次振荡吸合"竞争"后，才能稳定在一个状态上。同样在 K 断开时，KM₁、KM₂ 又会争先断开，产生振荡。通常分析控制电路的电器动作及触点的接通和断开都是静态分析，没有考虑其动作时间。实际上，由于电磁线圈的电磁惯性、机械惯性等因素，通断过程中总存在一定的固有时间（几十毫秒到几百毫秒），这是电器元件的固有特性。设计时要避免发生触点"竞争"与"冒险"现象，防止电路中因电器元件固有特性引起配合不良的后果。

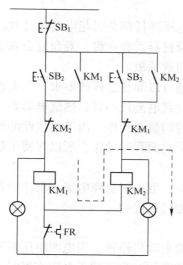

图 6-11　寄生电路的产生

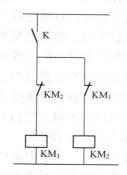

图 6-12　触点的"竞争"与"冒险"

（6）联锁

在频繁操作的可逆运行电路中，正反向接触器之间不仅要有电气联锁，而且要有机械联锁。

（7）接通和分断能力

充分考虑继电器触点的接通和分断能力。如要增加接通能力，可以多并联触点；如要增加分断能力，则可以多串联触点。

4. 保证电气控制电路工作的安全性

电气控制电路应具有完善的保护环节，来保证整个生产机械的安全运行，消除在其工作不正常或误操作时所带来的不利影响，避免事故的发生。

电气控制系统中常用的保护环节有短路保护、过电流保护、过载保护、零电压和欠电压保护、弱磁保护、限位保护等。

（1）短路保护

常用的短路保护元器件有熔断器和断路器。熔断器的熔体串联在被保护的电路中，当电路发生短路或严重过载时，熔断器的熔丝自动熔断，切断电路，达到保护的目的。断路器又称自动空气开关，在电路发生短路、过载和欠电压故障时快速地自动切断电源，它是低压配电重要的保护元件之一，常作低压配电盘的总电源开关及电动机变压器的合闸开关。

当电动机容量较小时，控制电路不需另外设置熔断器作短路保护，主电路的熔断器也可作控制电路的短路保护。当电动机容量较大时，控制电路要单独设置熔断器作短路保护。也可以采用自动空气开关作短路保护，它既可以作为短路保护，又可以作为过载保护。当电路出现故障时，空气开关动作，事故处理完重新合上开关，电路重新运行工作。

（2）过电流保护

如果在直流电动机和交流绕线转子异步电动机起动或制动时，限流电阻被短接，将会造成很大的起动或制动电流，另外，负载的加大也会导致电流增加。过大的电流将会使电动机或机械设备损坏。因此，对直流电动机或绕线转子异步电动机常采用过电流保护。

（3）过载保护

电动机的负载突然增加，断相运行或电网电压降低都会引起电动机过载。电动机长期过载运行，绕组温升超过其允许值，电动机的绝缘材料就要变脆，寿命就会减少，严重时将损害电动机。过载电流越大，达到允许温升的时间就越短。

常用的过载保护器件是热继电器，热继电器可以满足这样的要求：当电动机为额定电流时，电动机为额定温升，热继电器不动作；在过载电流较小时，热继电器要经过较长时间才动作；过载电流较大时，热继电器则经过较短时间就会动作。由于热惯性的原因，热继电器不会受电动机短时过载冲击电流或短路电流的影响而瞬时动作，所以在使用热继电器作过载保护的同时，还必须设有短路保护。

短路、过电流、过载保护虽然都是电流保护，但由于故障电流、动作值及保护特性、保护要求和使用元器件的不同，它们之间是不能相互取代的。

（4）零电压与欠电压保护

电动机正常工作时，由于电源电压消失而使电动机停转，当电源电压恢复后，电动机可能会自行起动，从而造成人身伤亡和设备毁坏的事故。为了防止电压恢复时电动机自行起动的保护称为零电压保护。另外，电源电压过分地降低将引起一些电器释放，造成控制电路不正常工作，可能发生事故，同时也会引起电动机转速下降甚至停转，因此需要在电源电压降到一定值以下时就将电源切断，这就是欠电压保护。

一般常用零电压保护继电器和欠电压保护继电器实现零电压保护和欠电压保护。

由于接触器属于电压型电磁式继电器，所以当电源电压过低或断电时，接触器释放，此时接触器的主触点和辅助触点同时打开，使电动机电源切断并失去自锁。当电源电压恢复正常时，操作人员必须重新按下起动按钮，才能使电动机起动。故可以实现零电压保护和欠电压保护。

（5）弱磁保护

对于直流电动机而言，必须有足够强度的磁场才能确保正常起动运行。在起动时，如果直流电动机的励磁电流太小，产生的磁场也会减弱，将会使直流电动机的起动电流很大。正常运行时，如果直流电动机的磁场突然减弱或消失，会引起电动机转速迅速升高，换向失败，损坏机械，甚至发生"飞车"事故，因此，必须设置弱磁保护，及时切断电源。

弱磁保护是在直流电动机的励磁回路中串入起弱磁保护的欠电流继电器来实现的。电动机起动过程中，当励磁电流至达到弱磁继电器（欠电流继电器）的动作值时，继电器就吸合，使串在控制电路中的常开触点闭合，接通电源，电动机起动正常运行；当励磁回路电流太小时，继电器就释放，其触点复位，切断控制电路电源，电动机停转。

（6）限位保护

对于做直线运动的生产机械，常设有极限保护环节，如上下极限、前后极限保护等。一般用行程开关的常闭触点来实现。

（7）超速保护

生产机械设备在运行中，如果速度超过了预定许可的速度时，将会造成设备损坏。例如，在高炉卷扬机和矿井提升机设备中，必须设置超速保护装置控制速度或切断电源来起到及时保护的作用。超速保护一般是用离心开关完成，也可以用测速发电机来实现。

（8）其他保护

除了以上几种保护外，可按生产机械在其运行过程中的不同工艺要求和可能出现的现象，根据实际情况来设置，如温度、水位等保护环节。

【信息3】基于工作过程的电路设计举例

以三条皮带运输机电气控制电路设计为例。

（1）控制系统的工艺要求

皮带运输机控制系统由三条皮带组成，电动机 M_1 控制 1#皮带机、电动机 M_2 控制 2#皮带机、电动机 M_3 控制 3#皮带机；皮带运输机属于长期工作，不需调速，不需反转，故采用三相笼型异步电动机；为了避免货物在皮带上堆积，而造成皮带机的过载，三条皮带机要求按 M_3、M_2、M_1 顺序起动，按 M_1、M_2、M_3 顺序停止。三条皮带运输机工作示意图如图 6-13 所示。

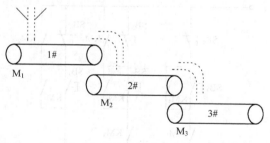

图 6-13　三条皮带运输机工作示意图

三条皮带运输机的具体电气控制要求如下：

1）有延时起动预警功能：蜂鸣器 HZ（图中未画出）发出警报信号，之后方允许主机起动。

2）起动时，顺序为 3#→2#→1#，各皮带运输机起动之间要有一定的时间间隔，以免货物在皮带上堆积，造成后面皮带重载起动。

3）停车时，顺序为 1#→2#→3#，每个皮带运输机停机之间要有一定的时间间隔，以保证停车后，皮带上不残存货物。

4）不论 2#皮带或 3#皮带出故障，1#皮带必须停车，以免继续进料，造成货物堆积。

5）要有必要的联锁及保护措施：短路保护、过载保护、失电压、欠电压保护。

（2）设计步骤

1）主电路设计。根据所给的控制要求，三条皮带均采用三相笼型交流异步电动机拖动，直接起动，自由停车即可。

电动机 M_1 由接触器 KM_1 实现控制；电动机 M_2 由接触器 KM_2 实现控制；电动机 M_3 由接触器 KM_3 实现控制。主电路图如图 6-14 所示。

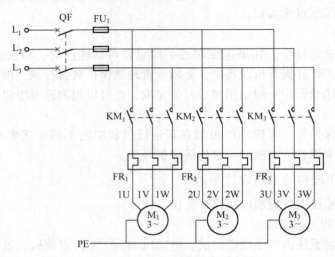

图 6-14　三条皮带运输机主电路图

2）控制电路设计

① 根据所给的控制要求，先设计基本控制电路，如图 6-15 所示。

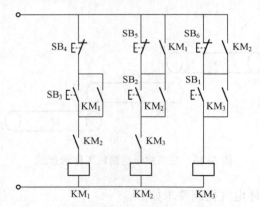

图 6-15　皮带运输机控制电路的基本部分

分析：该电路虽然可以满足起动、停止次序的控制，但只能分别手动控制电动机的起停，不能实现自动控制的要求，同时也不能够满足整个控制系统的电气控制要求。

② 根据所给的控制要求，设计控制电路的特殊部分。

a）选择过程参量，确定控制原则：根据电气控制要求，可以知道自动控制参量为时间，故采用时间原则控制。

b）时间继电器数量的选择：预警 KT_1；起动 KT_2、KT_3；停车 KT_4、KT_5。

c）延时时间的确定：时间继电器 KT_1、KT_2、KT_4 的延时整定值为工艺所定的延时值；KT_3 的延时整定值为 KT_2 的延时值加 KT_3 的工艺所定的延时值；KT_5 的延时整定值为 KT_4 的延时值加 KT_5 的工艺所定的延时值。

d）时间继电器的延时类型选择（通电延时与断电延时的选择）：KT_1、KT_2、KT_3 为通电延时时间继电器；KT_4、KT_5 为断电延时型时间继电器。

所设计的控制电路（参考）如图 6-16 所示。

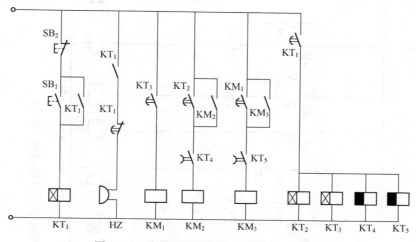

图 6-16　皮带运输机控制电路部分（参考）

3）设计联锁保护环节。电路采用熔断器作为短路保护电器；采用热继电器作为过载保护电器；采用交流接触器自锁控制作为失电压与欠电压的保护环节。

4）电路的完善与校核。电路设计完成后，有不合理地方需进一步简化。应认真仔细校核，完善有关电气控制的特性，如电气控制的基本方式、工作自动循环的组成、动作过程程序、电气保护及联锁条件等。

设计的三条皮带运输机的电气控制电路（参考）如图 6-17 所示。

【信息 4】镗床概况

镗床是一种精密加工机床，主要用于加工精密的孔和孔间距离要求较为精确的零件，如图 6-18 所示。

按不同用途，镗床可分为卧式镗床、立式镗床、坐标镗床和专用镗床等。在生产中使用的较广泛的有卧式镗床和坐标镗床，其中坐标镗床加工精度很高，适用于加工高精度坐标孔距的多孔零件；而卧式镗床具有万能性特点，它不但能完成孔加工，而且还能完成车削端面及内外圆，铣削平面等。

学习活动三　　　　　小组制订计划

请根据项目要求，结合小组讨论后获取的信息点，小组共同制订本项目的完成计划表，列出工作任务单，见表 6-1。

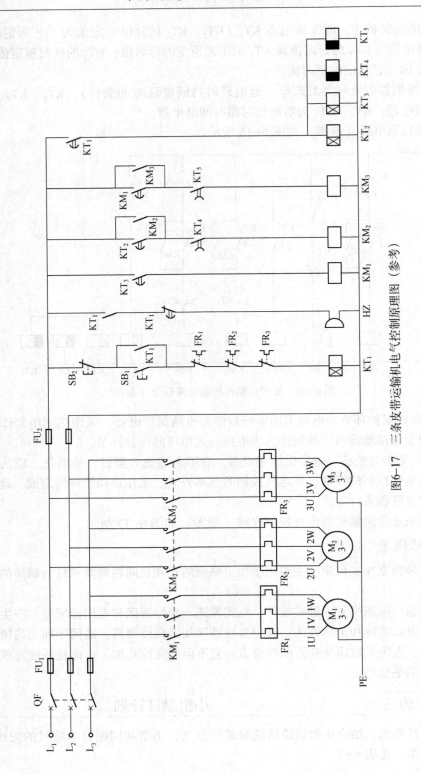

图6-17　三条皮带运输机电气控制原理图（参考）

图 6-18　镗床

表 6-1　工作任务单

工作任务名称	T68 型镗床电气控制电路的安装与调试	工作时间	10 学时
工作任务分析	镗床是一种精密加工机床，主要用于加工精密的孔和孔间距离要求较为精确的零件。本项目的主要任务是识读分析 T68 型镗床电气控制原理图，能够对 T68 型镗床的控制电路进行安装、调试与维修		
工作内容	1. 根据电气原理图分析电路工作过程 2. T68 型镗床电气控制电路的安装与调试		
工作任务流程	1. 学习 T68 型镗床的基本结构 2. 学习电气控制电路图的识读、绘制方法 3. 分析 T68 型镗床的主要运动形式及电力控制要求 4. 根据电气原理图分析主电路工作过程 5. 根据电气原理图分析控制电路工作过程 6. 根据电气原理图分析辅助电路工作过程 7. T68 型镗床电气控制电路的安装 8. T68 型镗床电气控制电路的调试 9. 总结与反馈本次工作任务 10. 成绩考评		
工作任务实施	1. T68 型镗床主电路的工作原理		
	2. T68 型镗床控制电路的工作原理		
	3. T68 型镗床辅助电路的工作原理		
	4. T68 型镗床控制电路的安装		

（续）

工作任务名称	T68 型镗床电气控制电路的安装与调试		工作时间	10 学时
考评	按考评标准考评	见考评标准（反页）		
	考评成绩			
	教师签字		年 月 日	

学习活动四　　教师点睛，引导解惑

【引导 1】T68 型镗床的主要结构及运动形式

1. T68 的型号意义

T——镗床；6——卧式；8——镗轴直径 85 mm。

2. 主要结构

T68 型卧式镗床主要由床身、前立柱、镗头架、工作台、后立柱和尾架等组成，如图 6-19 所示。

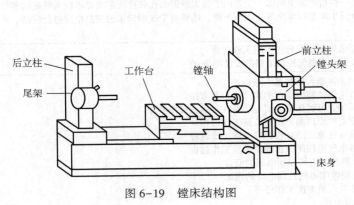

图 6-19　镗床结构图

3. 结构说明

1）床身是一个整体的铸件，在它的一端固定有前立柱，在前立柱的垂直导轨上装有镗头架，镗头架可以沿着导轨上下移动。镗头架里集中地装有主轴部分、变速箱、进给箱与操纵机构等部件。

2）切削刀具固定在镗轴前端的锥形孔里，或装在花盘上的刀具溜板上。在加工过程中，镗轴一面旋转，一面沿轴向做进给运动。而花盘只能旋转，装在其上的刀具溜板则可做垂直于主轴轴线方向的径向进给运动。镗轴和花盘主轴是通过单独的传动链传动，因此它们可以单独转动。

3）后立柱的尾架用来支持装夹在镗轴上的镗杆末端，保证两者的轴心始终在同一直线上。后立柱可沿着床身导轨在镗轴的轴线方向调整位置。

4）安装工件用的工作台安置在床身中的导轨上，它由下溜板、上溜板和可转动的工作台组成。工作台可在平行于纵向与垂直于横向镗轴轴线方向移动。

4. 主要运动形式

1) 主运动：镗轴的旋转运动与花盘的旋转运动

2) 进给运动：镗轴的轴向进给、花盘刀具溜板的径向进给、镗头架的垂直进给、工作台的横向进给、工作台的纵向进给。

3) 辅助运动：工作台的旋转、后立柱的水平移动及尾架的垂直移动。

【引导 2】T68 型镗床的电气控制特点

镗床的工艺范围广，因而它的调速范围大，运动多，其电气控制特点是：

为适应各种工件加工工艺的要求，主轴应在大范围内调速，多采用交流电动机驱动的滑移齿轮变速系统，目前国内采用单电动机拖动的，也有采用双速或三速电动机拖动的。后者可精简机械传动机构。由于镗床主拖动要求恒功率拖动，所以采用"△-丫丫"双速电动机。

由于采用滑移齿轮变速，为防止顶齿现象，要求主轴系统变速时做低速断续冲动。

为适应加工过程中调整的需要，要求主轴可以正、反点动调整，这是通过主轴电动机低速点动来实现的，同时还要求主轴可以正、反向旋转，这是通过主轴电动机的正、反转来实现的。

主轴电动机低速时可以直接起动，在高速时控制电路要保证先接通低速，经延时再接通高速以减小起动电流。

主轴要求快速准确的制动，所以必须采用效果好的停车制动。卧式镗床常用反接制动（也有的采用电磁铁制动）。

由于进给部件多，快速进给用另一台电动机拖动。

【引导 3】T68 型镗床控制电路的分析

T68 型卧式镗床的电气控制电路，分为主电路、控制电路和照明电路三部分，如图 6-20 所示。

1. 主电路分析

T68 型卧式镗床共由两台三相异步电动机驱动，一台是主轴电动机 M_1，它通过变速箱等传动机构带动主轴及花盘旋转并作为常速进给的动力，同时还带动润滑油泵；另一台电动机 M_2，是快速进给电动机，它带动主轴的轴向进给、主轴箱的垂直进给、工作台的横向和纵向进给的快速移动。

主轴电动机是一台双速电动机，它可进行点动或连续正、反转控制，停车制动采用由速度继电器 KS 控制的反接制动，为了限制制动电流和减小机械冲击，M_1 在制动、点动及主轴和进给的变速冲动控制时串入了电阻。

快速进给电动机能进行正、反转控制，由于它的工作性质是短时工作制，故不采用热继电器进行过载保护。

2. 控制电路分析

（1）开车前准备

1) 合上电源开关把电源引入，电源指示灯 HL 亮，再把照明开关 SA 合上，局部工作照明灯 EL 亮。

2) 选择好所需的主轴转速和进给量。主轴和进给量选择时，行程开关 $SQ_3 \sim SQ_6$ 的通断情况见表 6-2。

表 6-2　主轴转速和进给量变速行程开关 $SQ_3 \sim SQ_6$ 的通断表

变换控制内容	触　　点	变　换　时	变　换　后
主轴转速变换	SQ_3（4-9）	−	+
	SQ_3（3-13）	+	−
	SQ_5（14-15）	+	−
进给量变换	SQ_4（9~10）	−	+
	SQ_4（3-13）	+	−
	SQ_6（14-15）	+	−

3）调整好主轴箱和工作台的位置。调整后行程开关 SQ_1 和 SQ_2 的常闭触点均处于闭合状态。

（2）主轴电动机控制

1）正、反转控制。需要正转时，按下按钮 SB_2，KA_1 吸合，使 KM_3 吸合，通过其触点使 KM_1 通电吸合，KM_4 随之吸合，电动机正向起动做低速（△接法）运转。

同理，反转控制时，按下 SB_3，继电器、接触器通电吸合顺序为：$KA_2 \rightarrow KM_3 \rightarrow KM_2 \rightarrow KM_4$，电动机反向起动并做低速运转。

2）高低速转换控制。

低速控制：与上述正、反转控制过程相同，电动机 M_1 定子绕组做 △ 联结，$n = 1460 \text{ r/min}$。

高速控制：当主轴变换手柄将主轴转速转换到高速位置时，SQ_7 受压而闭合，KT 线圈与 KM_3 同时吸合，经过 $1 \sim 2 \text{ s}$ 延时后 KT 的常闭触点断开，使 KM_4 失电，电动机失电停转，同时 KT 常开触点闭合，使 KM_5 通电吸合，电动机定子绕组从△联结转换为 $\curlyvee\curlyvee$ 联结，则使 M_1 变为高速运转，转速 $n = 2880 \text{ r/min}$。

3）停车制动控制。当电动机起动运转后（转速为 $120 \sim 150 \text{ r/min}$），速度继电器 KS 相应转向的触点闭合，为反接制动停车做好了准备。分析正转运行时的制动控制，按下停止按钮 SB_1 将有如下动作：

SB_1（3-4）先断开，使 KA_1、KM_3、KT、KM_1 的线圈同时断电，随之 KM_5 的线圈也断电。

KM_1 断电，其主触点断开，电动机断电，同时 KM_1（18-19）闭合，为制动做准备。

KT 断电，其触点 KT（13-22）恢复断开；KT（13-20）恢复闭合，使电动机的制动在低速运转状态下进行。

KM_3 断电，其主触点断开，使 M_1 制动时串入电阻 R。

当 SB_1 的常开触点后闭合时，KS 仍处于闭合状态，因此 KM_2 的线圈通电吸合，KM_4 线圈随之吸合，电动机在低速情况下串电阻进行反接制动。

KM_2 吸合后，KM_2（14-16）断开，与 KM_1 进行互锁；KM_2（3-13）闭合，当放开 SB_1 时，KM_2 仍通电。

制动时，当 M_1 的转速降至约 100 r/min，KS 恢复断开，KM_2 断电，电动机停转，反接制动结束。

要求自行分析反转时的制动控制。

4）调整点动控制。通过按钮 SB_4（或 SB_5）控制 KM_1（或 KM_2）吸合，使 KM_4 也吸合，此时，M_1 只能在低速状态下转动。

5）主轴变速及进给变速控制。

主轴变速控制：主轴的各种转速是用变速操纵盘来调节变速传动系统获得。在需要变速时，不用按停止按钮，只要将主轴变速操纵盘的操作手柄拉出，使 SQ_3 不受压而分断，使 SQ_5 不受压而闭合。此时，电动机 M_1 要先被制动，再进行机械调速。

变速时，为了使传动齿轮良好地啮合，通过 SQ_5 和 KS 的常闭触点进行断续的冲动控制。

进给变速控制：与主轴变速控制过程相同，只是操作手柄是进给操作手柄，压合的行程开关是 SQ_4 和 SQ_6。

（3）快速进给电动机控制

为了缩短辅助时间，机床采用各个机构能进行快速移动控制。

当快速进给操纵手柄向里推时，压合 SQ_9，KM_6 线圈通电吸合，快进电动机 M_2 正向起动，通过齿轮、齿条等实现快速正向移动，松开操纵手柄，SQ_9 复位，KM_6 断电，M_2 停转。

反之，将快速进给操纵手柄向外拉时，压合 SQ_8，KM_7 吸合，电动机反向起动，实现快速反向移动。

（4）联锁保护装置

由 SQ_1、SQ_2 实现的联锁是为了防止在工作台或主轴箱快速进给时又将主轴进给手柄扳到快速进给位置的误操作，详细原理图如图 6-19 所示。

学习活动五　　　项目实施

1. 实施内容

1）对 T68 型镗床控制电路所用的元器件进行分辨和检测。

2）根据电气原理图找出每个元器件在电路板上的位置，并画出安装配线工艺图。

3）按照工艺要求连接控制电路。

2. 工具、仪表及器材

1）工具：测电笔、螺钉旋具、尖嘴钳、斜口钳、剥线钳、电工刀等电工常用工具。

2）仪表：绝缘电阻表、钳形电流表、万用表。

3）元器件：交流电动机、熔断器、断路器、交流接触器、按钮、端子板、紧固体和编码套管、导线等。

3. 实施步骤

1）按表配齐所用的电器元件，并检查元器件质量。

2）根据电路图分析布置图，然后在控制板上合理布置和牢固安装各电器元件，并贴上醒目的文字符号。

3）在控制板上根据电路图进行正确布线和套编码套管。

4）安装交流电动机。

5）连接控制板外部的导线。

6）自检。

7）检查无误后通电试车。认真分析电路的控制要求及特点。

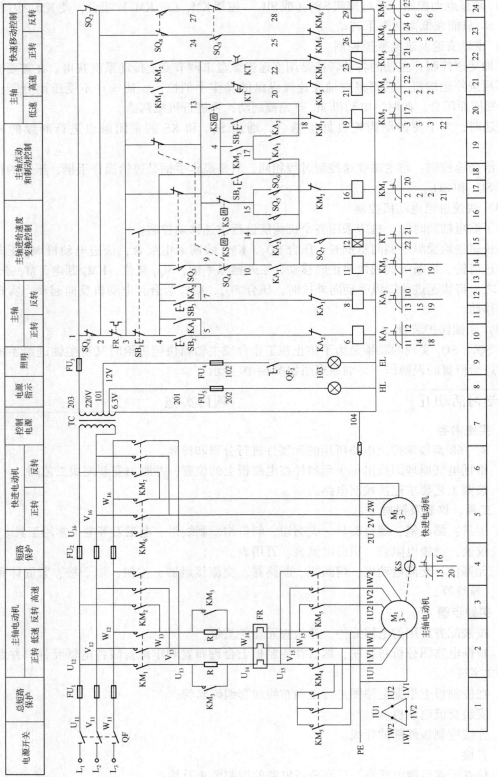

图6-20 T68镗床电气控制原理图

4. 调试训练

1）自检。调试之前用工具对控制电路和主电路先进行初步自我检查。

2）教师示范调试。教师进行示范调试时，可把检查步骤及要求贯穿其中，直至调试成功。如果第一次没有调试成功，可以用试验法来观察现象→用逻辑分析法缩小故障范围，并在电路图上用虚线标出可能出现问题部位的最小范围→用测量法正确迅速地找出问题点→修复→再通电试车。

3）学生调试训练。教师示范调试后，再由各组长带领小组成员进行调试训练。在学生调试的过程中，教师要巡回进行启发性的指导。

5. 注意事项

安装注意事项：

1）通电试车前要认真检查接线是否正确、牢靠；各电器动作是否正常，有无卡阻。

2）若遇异常情况，应立即断开电源停车检查。若带电检查，必须有指导教师在现场监护。

3）训练应在规定的定额时间内完成，同时要做到安全操作和文明生产。

调试注意事项：

1）要认真听取和仔细观察指导教师在示范过程中的讲解和调试操作。

2）要熟练掌握电路图中各个环节的作用。

3）调试过程的分析、排除问题的思路和方法要正确。

4）工具和仪表使用要正确。

5）不能随意更改电路和带电触摸电器元件。

6）带电时，必须有教师在现场监护，并要确保用电安全。

7）调试必须在规定的时间内完成。

　学习活动六　　　　　　　　**成果展示并汇报**

项目实施完毕后，请其中两个小组的组长来展示一下各自团队的成果，并请本组成员进行记录，把记录内容填到下面的表 6-3 中。

表 6-3　展示板

汇报人员	电路展示图	展示内容分析

　学习活动七　　　　　　　　**项目评价**

本项任务的评价标准如表 6-4 所示。任务评价由学生自评、小组互评与教师评价相结合，其中学生自评占总成绩的 20%、小组互评占总成绩的 30%、教师评价占总成绩的 50%。

表 6-4　评价标准

考核项目	考核内容	考 核 要 求	评分要点及得分 （最高为该项配分值）	配分	得分		
					自评	互评	师评
职业能力	电路设计	1. 理解电气控制系统的控制特点与实现方法，能够根据提出的电气控制要求，正确绘出继电器－接触器电气控制系统原理图 2. 各电器元件的图形符号及文字符号要求按照国标符号绘制 3. 能够根据电气原理图列出主要元器件明细表	1. 主电路设计 1 处错误扣 5 分 2. 控制电路设计 1 处错误扣 5 分 3. 图形符号画法有误，每处扣 1 分 4. 元器件明细表有误，每处扣 2 分	30			
	元器件安装	1. 按图样的要求，正确使用工具和仪表，熟练安装电器元件 2. 元器件在配电板上布置要合理，安装要准确、紧固 3. 按钮盒不固定在控制板上	1. 元器件布置不整齐、不匀称、不合理，每个扣 1 分 2. 元器件安装不牢固、安装元器件时漏装螺钉，每只扣 1 分 3. 损坏元器件，每只扣 2 分 4. 走线槽板布置不美观、不符合要求，每处扣 2 分	10			
	电路安装	1. 电路安装要求美观、紧固、无毛刺，导线要进行线槽 2. 电源和电动机配线、按钮接线要接到端子排上，进出线槽的导线要有端子标号	1. 接线要符合安全性、规范性、正确性、美观性，接线不进行线槽，不美观，有交叉线，每处扣 1 分；接点松动、露铜过长、反圈、压绝缘层，标记线号不清楚、遗漏或误标，每处扣 1 分 2. 损伤导线绝缘或线芯，每根扣 1 分 3. 导线颜色、按钮颜色使用错误，每处扣 2 分	30			
	通电模拟调试	1. 根据所给电动机容量，正确选择熔断器熔体；正确整定热继电器的整定电流值 2. 在保证人身和设备安全的前提下，通电模拟调试成功，电气控制电路符合控制要求 3. 观察电路工作现象并判断正确与否	1. 主、控电路配错熔体，每个扣 1 分；热继电器整定电流值错误，每处扣 2 分 2. 熟悉调试过程，调试步骤一处错误扣 3 分 3. 能在调试过程中正确使用万用表，根据所测数据判断电路是否出现故障，否则每处扣 2 分 4. 一次试车不成功扣 5 分； 　二次试车不成功扣 10 分； 　三次试车不成功扣 15 分	15			
职业素质	安全文明操作	1. 劳动保护用品穿戴整齐，电工工具佩带齐全 2. 安全、正确、合理使用电器元件 3. 遵守安全操作规程	1. 未做相应的职业保护措施，扣 2 分 2. 损坏元器件一次，扣 2 分 3. 引发安全事故，扣 5 分	20			
	团队协作精神	1. 尊重指导教师与同学，讲文明礼貌 2. 分工合理、能够与他人合作、交流	1. 分工不合理，承担任务少，扣 5 分 2. 小组成员不与他人合作，扣 3 分 3. 不与他人交流，扣 2 分	15			
	劳动纪律	1. 遵守各项规章制度及劳动纪律 2. 训练结束要养成清理现场的习惯	1. 违反规章制度一次，扣 2 分 2. 不做清洁整理工作，扣 5 分 3. 清洁整理效果差，酌情扣 2~5 分	15			

（续）

考核项目	考核内容	考核要求	评分要点及得分 （最高为该项配分值）	配分	得分		
					自评	互评	师评
		合计		100			

备注	自评学生签字：		自评成绩	
	互评学生签字：		互评成绩	
	指导老师签字：		师评成绩	
	总成绩 （自评成绩×20%＋互评成绩×30%＋教师评价成绩×50%）			

子项目6.2　T68型镗床控制电路的故障分析及检修

学习活动一　　接受项目，明确要求

小董跟着车间师傅学习如何使用镗床的过程中，突然镗床的主轴电动机不能高速运转操作了，这可急坏了小王，眼看加工工作不能完成了，那么镗床的故障该如何分析、检修并排除呢？

本项目就是根据 T68 镗床的故障现象和电气图纸利用仪表工具检测电路并分析控制电路中故障点的具体位置，修复电路。

学习活动二　　小组讨论，自主获取信息

【信息 1】试电笔法检测电路

试电笔检修断路故障的方法如图 6-21 所示。按下按钮 SB_2，用试电笔依次测试 1、2、3、4、5、6、0 各点，测量到哪一点试电笔不亮即为断路处。

【信息 2】校灯法检测电路

校灯法检查断路故障的方法如图 6-22 所示。检修时将校灯一端接在 0 点线上；另一端依次按 1、2、3、4、5、6 次序逐点测试，并按下按钮 SB_2，若将校灯接到 2 号线上，校灯亮，而接到 3 号线上，校灯不亮，说明按钮 SB_1（2-3）断路。

学习活动三　　小组制订计划

请根据项目要求，结合小组讨论后获取的信息点，小组共同制订本项目的故障排除记录单，组长作为检修负责人，分派组员为检修人员，并把检修过程填写到记录单中，见表 6-5。

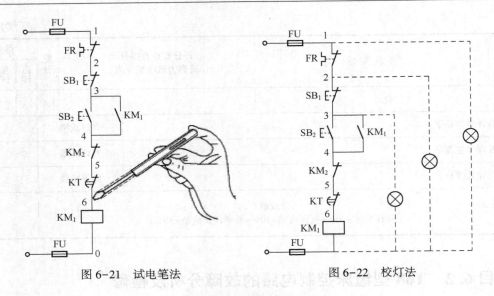

图 6-21　试电笔法　　　　　　　　　　图 6-22　校灯法

表 6-5　故障排除任务单

机床故障检修记录单

检修部门		检修人员		检修人员编号	
机床场地		机床型号		检修时间	
检修内容					

	故障现象	分析故障点
机床故障分析		

	序号	检修过程记录	检修结果	检修组长意见
机床故障排除			□正确排除 □未正确排除	
			□正确排除 □未正确排除	

检修组长测评检修员	□能够分析典型机床电气控制电路的工作原理 □会结合电气原理图和检修工具找出机床的故障点 □可以总结常见故障及故障现象		
素质评价	□安全着装　　　　　　□规范使用工具　　　　　　□遵守实训纪律 □出勤情况（迟到）　　□具有团队协作精神　　　□工作态度认真		
报修部门验收意见	1. 素质评价（4分） 2. 故障分析（4分） 3. 故障排除（2分） 　　　　　　　　　　　　　　　　　检修组长签字： 　　　　　　　　　　　　　　　　　报修负责人签字： 　　　　　　　　　　　　　　　　　　　　年　　月　　日		

学习活动四	教师点睛，引导解惑

【引导1】 T68 型镗床带故障点的图样分析

以亚龙 156A 实训装置为例进行分析。

1. 主轴电动机 M_1 的控制

（1）主轴电动机的正、反转控制

按下正转按钮 SB_3，接触器 KM_1 线圈得吸合，主触点闭合（此时开关 SQ_2 已闭合），KM_1 的常开触点（8 区和 13 区）闭合，接触器 KM_3 线圈获电吸合，接触器主触点闭合，制动电磁铁 YB 得电松开（指示灯亮），电动机 M_1 接成三角形正向起动。

反转时只需按下反转起动按钮 SB_2，动作原理同上，所不同的是接触器 KM_2 获电吸合。

（2）主轴电动机 M_1 的点动控制

按下正向点动按钮 SB_4，接触器 KM_1 线圈获电吸合，KM_1 常开触点（8 区和 13 区）闭合，接触器 KM_3 线圈获电吸合。而不同于正转的是按钮 SB_4 的常闭触点切断了接触器 KM_1 的自锁触点只能点动。这样 KM_1 和 KM_3 的主触点闭合便使电动机 M_1 接成三角形点动。

同理按下反向点动按钮 SB_5，接触器 KM_2 和 KM_3 线圈获电吸合，M_1 反向点动。

（3）主轴电动机 M_1 的停车制动

当电动机正处于正转运转时，按下停止按钮 SB_1，接触器 KM_1 线圈断电释放，KM_1 的常开触点（8 区和 13 区）闭合因断电而断开，KM_3 也断电释放。制动电磁铁 YB 因失电而制动，电动机 M_1 制动停车，如图 6-23 所示。

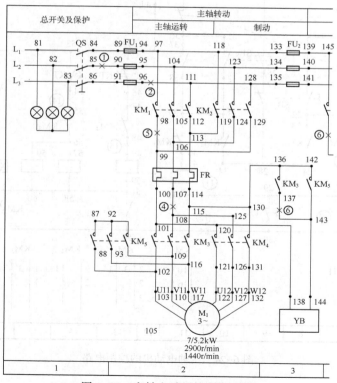

图 6-23　主轴电动机控制主电路

同理反转制动只需按下制动按钮 SB_1，动作原理同上，所不同的是接触器 KM_2 反转制动停车。

（4）主轴电动机 M_1 的高、低速控制

若选择电动机 M_1 在低速运行可通过变速手柄使变速开关 SQ_1（16 区）处于断开低速位置，相应的时间继电器 KT 线圈也断电，电动机 M_1 只能由接触器 KM_3 接成三角形联结低速运动。

如果需要电动机在高速运行，应首先通过变速手柄使变速开关 SQ_1 压合接通处于高速位置，然后按正转起动按钮 SB_3（或反转起动按钮 SB_2），时间继电器 KT 线圈获电吸合。由于 KT 两副触点延时动作，故 KM_3 线圈先获电吸合，电动机 M_1 接成三角形低速起动，以后 KT 的常闭触点（13 区）延时断开，KM_3 线圈断电释放，KT 的常开触点（14 区）延时闭合，KM_4、KM_5 线圈获电吸合，电动机 M_1 接成 YY 联结，以高速运行，如图 6-24 所示。

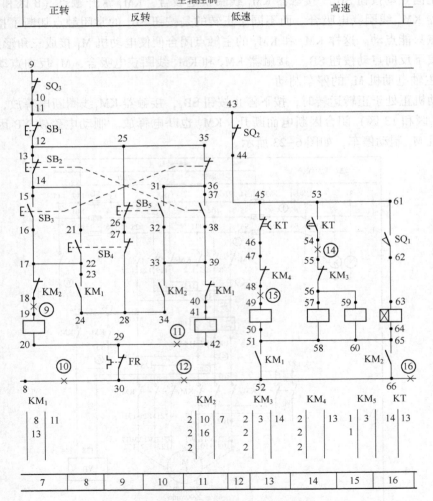

图 6-24　主轴电动机的控制电路

2. 快速移动电动机 M₂ 的控制

（1）主轴的轴向进给、主轴箱的垂直进给、工作台的纵向和横向进给等的快速移动

本产品无机械机构，不能完成复杂的机械传动的方向进给，只能通过操纵装在床身的转换开关跟开关 SQ_5、SQ_6 来共同完成工作台的横向和前后、主轴箱的升降控制。在工作台上 6 个方向各设置一个行程开关，当工作台纵向、横向和升降运动到极限位置时，挡铁撞到位置开关，工作台停止运动，从而实现纵终端保护，如图 6-25 所示。

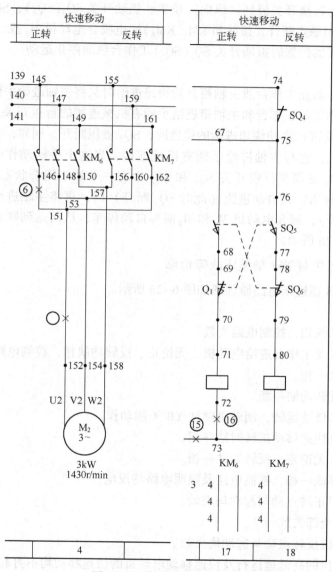

图 6-25　快速移动控制电路

（2）主轴箱升降运动

首先将床身上的转换开关扳到"升降"位置，扳动开关 SQ_5（SQ_6），SQ_5（SQ_6）常开触点闭合，SQ_5（SQ_6）常闭触点断开，接触器 KM_7（KM_6）通电吸合，电动机 M_2 反（正）

转，主轴箱向下（上）运动，到了想要的位置时扳回开关 SQ_5（SQ_6），主轴箱停止运动。

（3）工作台横向运动

首先将床身上的转换开关扳到"横向"位置，扳动开关 SQ_5（SQ_6），SQ_5（SQ_6）常开触点闭合，SQ_5（SQ_6）常闭触点断开，接触器 KM_7（KM_6）通电吸合，电动机 M_2 反（正）转，工作台横向运动，到了想要的位置时扳回开关 SQ_5（SQ_6），工作台横向停止运动。

（4）工作台纵向运动

首先将床身上的转换开关扳到"纵向"位置，扳动开关 SQ_5（SQ_6），SQ_5（SQ_6）常开触点闭合，SQ_5（SQ_6）常闭触点断开，接触器 KM_7（KM_6）通电吸合电动机 M_2 反（正）转，工作台纵向运动，到了想要的位置时扳回开关 SQ_5（SQ_6）工作台纵向停止运动。

3. 联锁保护

真实机床在为了防止工作台或主轴箱自动快速进给时又将主轴进给手柄扳到自动快速进给的误操作，就采用了与工作台和主轴箱进给手柄有机械连接的行程开关 SQ_3。当上述手柄扳在工作台（或主轴箱）自动快速进给的位置时，SQ_3 被压断开。同样，在主轴箱上还装有另一个行程开关 SQ_4，它与主轴进给手柄有机械连接，当这个手柄动作时，SQ_4 也受压断开。电动机 M_1 和 M_2 必须在行程开关 SQ_3 和 SQ_4 中有一个处于闭合状态时，才可以起动。如果工作台（或主轴箱）在自动进给（此时 SQ_3 断开）时，再将主轴进给手柄扳到自动进给位置（SQ_4 也断开），那么电动机 M_1 和 M_2 便都自动停车，从而达到联锁保护之目的，总电气原理图如图 6-26 所示。

【引导 2】用试电笔法对 T68 型镗床故障检修

带故障点的 T68 型镗床电路原理图如图 6-26 所示。

故障现象：

1）所有电动机缺相，控制电路失效。

2）主轴电动机及工作台进给电动机，无论正、反转均缺相，控制电路正常。

3）主轴正转缺一相。

4）主轴正、反转均缺一相。

5）主轴电动机低速运转，制动电磁铁 YB 不能动作。

6）进给电动机快速移动正转时缺一相。

7）进给电动机无论正、反转均缺一相。

8）控制变压器缺一相，控制电路及照明电路均没电。

9）主轴电动机正转点动与起动均失效。

10）控制电路全部失效。

11）主轴电动机反转点动与起动均失效。

12）主轴电动机的高低速运行及快速移动电动机的快速移动均不可起动。

13）主轴电动机的低速不能起动，高速时，无低速的过渡。

14）主轴电动机的高速运行失效。

15）快速移动电动机，无论正、反转均失效。

16）快速移动电动机正转不能起动。

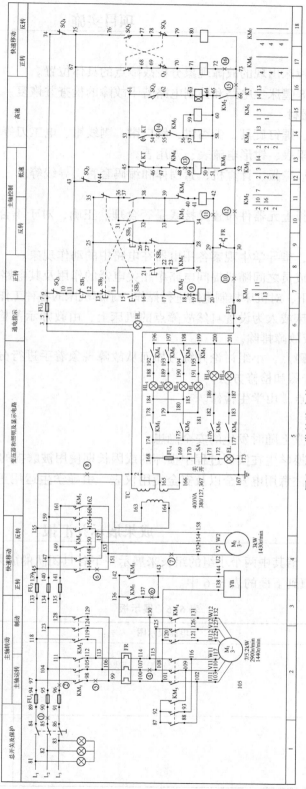

图6-26　带故障点的T68型镗床电路原理图

学习活动五　　　　　　　　　　项目实施

1. 实施内容

1）能够根据 T68 镗床出现的故障现象分析故障点的具体位置。

2）用工具完成 T68 镗床主电路和控制电路若干故障的检查并恢复。

2. 工具、仪表及器材

1）工具：测电笔、螺钉旋具、尖嘴钳、斜口钳、剥线钳、电工刀等电工常用工具。

2）仪表：绝缘电阻表、钳形电流表、万用表。

3）元器件：机床故障板、计算机、紧固体和编码套管、导线等。

3. 实施步骤

1）检查模拟控制板上元器件布置及接线是否合理、正确，对于不合理的、不正确的及时纠正。

2）在通电过程中，指导学生观察各用电器在电路中的动作现象。

3）通电后，小组成员之间随机提问电路中相关电器的作用及其电路中的相关问题。

4）在教师的指导下，对机床控制电路进行操作，了解机床的各种工作状态及操作方法。

5）在有故障的机床或人为设置自然故障点的机床上，由教师示范检修，边分析、边检修，直至找出故障点及故障排除。

6）由组长设置故障点，小组讨论并练习如何从故障现象着手进行分析，逐步引导学生如何采用正确的检查步骤和检修方法。

7）教师设置故障点，由学生检修。

4. 注意事项

1）及时处理在课堂上随时发生的安全隐患。

2）及时维修或更换学生在实训过程中损坏的或因长期使用被磨损的器件和工量具。

3）检修故障时，注意用电安全以及安全使用仪表。引导学生运用正确的思路进行故障的排查。

学习活动六　　　　　　　　　　成果展示并汇报

项目实施完毕后，请其中两个小组的组长来展示一下各自团队的成果，并请本组成员进行记录，把记录内容填到下面的表 6-6 中。

表 6-6　展示板

汇 报 人 员	电路展示图	展示内容分析

学习活动七   项目评价

本项任务的评价标准如表 6-7 所示。任务评价由学生自评、小组互评与教师评价相结合，其中学生自评占总成绩的 20%、小组互评占总成绩的 30%、教师评价占总成绩的 50%。

表 6-7   评价标准

考核项目	考核内容	考核要求	评分要点及得分（最高为该项配分值）	配分	得分		
					自评	互评	师评
职业能力	故障分析	1. 理解电气控制系统的控制特点与实现方法，能够根据提出的电气控制要求，正确分析电气控制系统原理图 2. 能够根据故障点位置分析故障现象	1. 标不出故障线段或错标在故障回路以外，每个故障点扣 1 分 2. 不能标出最小故障范围，每个故障点扣 1 分 3. 在实际排故分析中思路不清楚，扣 1 分	20			
	故障排除	1. 根据故障现象正确判断故障范围并逐步缩小 2. 在保证人身和设备安全的前提下，进行故障排除并记录	1. 不能排除故障点，每个扣 1 分 2. 扩大故障范围或产生新的故障后不能自行修复，每个扣 2 分；已经修复，每个故障扣 1 分 3. 损坏电动机扣 3 分 4. 排除故障的方法不正确，每个故障点扣 1 分	30			
职业素质	安全文明操作	1. 劳动保护用品穿戴整齐，电工工具佩带齐全 2. 安全、正确、合理使用电器元件 3. 遵守安全操作规程	1. 未做相应的职业保护措施，扣 2 分 2. 损坏元器件一次，扣 2 分 3. 引发安全事故，扣 5 分	20			
	团队协作精神	1. 尊重指导教师与同学，讲文明礼貌 2. 分工合理、能够与他人合作、交流	1. 分工不合理，承担任务少，扣 5 分 2. 小组成员不与他人合作，扣 3 分 3. 不与他人交流，扣 2 分	15			
	劳动纪律	1. 遵守各项规章制度及劳动纪律 2. 训练结束要养成清理现场的习惯	1. 违反规章制度一次，扣 2 分 2. 不做清洁整理工作，扣 5 分 3. 清洁整理效果差，酌情扣 2~5 分	15			
		合计		100			

备注	自评学生签字：		自评成绩	
	互评学生签字：		互评成绩	
	指导老师签字：		师评成绩	
	总成绩 （自评成绩×20%+互评成绩×30%+教师评价成绩×50%）			

项目7　桥式起重机电路的分析与故障检修

项目教学目标

知识能力： 会分析桥式起重机的基本结构、工作过程和电气图样。

技能能力：
① 能够根据桥式起重机控制电路正确检测电器元件。
② 会熟练地进行桥式起重机电气控制电路的分析。
③ 在桥式起重机出现故障的情况下，会根据故障现象结合图样进行故障的诊断与排除。

社会能力：
① 通过团队的合作来完成项目，培养学生的团队协作精神。
② 通过收集资料、制订工作计划来完成项目的实施，形成自主学习、尊重科学、实事求是的科学态度。
③ 在实践中培养学生核心素养，使学生更加适应社会的发展，实现纵深学习、全面发展的目标。

学习活动一　　　　　　　　接受项目，明确要求

某厂要维护桥式起重机，小赵跟着车间师傅学习桥式起重机主要结构以及分析桥式起重机的电气控制电路。

本项目是根据桥式起重机的电气原理图，利用工具合理维护电气控制电路。

学习活动二　　　　　　　　小组讨论，自主获取信息

【信息1】认识桥式起重机

起重机是一种用来起吊和下放重物并使重物在短距离内水平移动的起重设备。起重设备有多种形式，有桥式、塔式、门式、旋转式和缆索式等，如图7-1所示。

不同形式的起重机分别应用在不同的场合，如车站货场使用的门式起重机；建筑工地使用的塔式起重机；码头、港口使用的旋转式起重机；生产车间使用的桥式起重机。

常见的桥式起重机有15 t、10 t单钩及15/3 t、20/5 t双钩等。桥式起重机一般称为行车或天车。

【信息2】桥式起重机的结构及运动形式

1. 桥式起重机结构

桥式起重机主要结构有大车和小车组成的桥架机构，主钩（15 t）和副钩（3 t）组成的提升机构，如图7-2所示。

图 7-1 桥式起重机

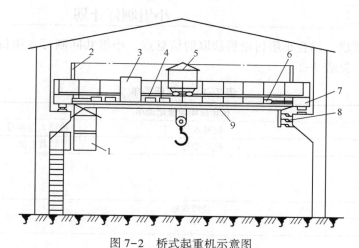

图 7-2 桥式起重机示意图

1—驾驶舱 2—辅助滑线架 3—交流磁力控制屏 4—电阻箱 5—起重小车
6—大车拖动电动机 7—端梁 8—主滑线 9—主梁

2. 小车机构传动系统

1）大车的轨道敷设在沿车间两侧的立柱上，大车可在轨道上沿车间纵向移动；

2）大车上有小车轨道，供小车横向移动，如图 7-3 所示；

3）主钩和副钩都装在小车上，主钩用来提升重物，副钩除可提升轻物外，在它的额定负载范围内也可协同主钩倾转或翻转工件用。

但不允许两钩同时提升两个物件，每个吊钩在单独工作时均只能起吊重量不超过额定重量的重物，当两个吊钩同时工作时，物件重量不允许超过主钩起重量。

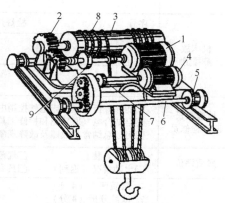

图 7-3 小车机构传动图

1—提升电动机 2—提升机构减速器 3—卷筒
4—小车电动机 5—小车走轮 6—小车车轮轴
7—小车制动轮 8—钢丝绳 9—提升机构制动轮

【信息 3】桥式起重机的供电特点

桥式起重机的电源为 380V，由公共的交流电供给，采用可移动的电源设备：一种是采用软电缆供电，软电缆可随大、小车的移动而伸展和叠卷，多用于小型起重机；另一种常用的方法是采用滑触线和集电刷供电。

三根主滑触线是沿着平行于大车轨道的方向敷设在车间厂房的一侧，三相交流电源经由三根主滑触线与滑动的集电刷，引进起重机驾驶室内的保护控制柜上，再从保护控制柜引出两相电源至凸轮控制器，另一相称为电源的公用相，它直接从保护控制柜接到各电动机的定子接线端。

为了便于供电及各电气设备之间的联结，在桥架的另一侧装设了辅助滑触线。本控制电路共有 21 根辅助滑触线。

滑触线通常用角钢、圆钢、V 型钢或工字钢等刚性导体制成。

| 学习活动三 | 小组制订计划 |

请根据项目要求，结合小组讨论后获取的信息点，小组共同制订本项目的完成计划表，列出工作任务单，见表 7-1。

表 7-1　工作任务单

机床故障检修记录单					
检修部门		检修人员		检修人员编号	
机床场地		机床型号		检修时间	
检修内容					
机床故障分析		故障现象			分析故障点
机床故障排除	序号	检修过程记录		检修结果	检修组长意见
				□正确排除 □未正确排除	
				□正确排除 □未正确排除	
检修组长测评检修员	□能够分析典型机床电气控制电路的工作原理 □会结合电气原理图和检修工具找出机床的故障点 □可以总结常见故障及故障现象				
素质评价	□安全着装　　　　　　□规范使用工具　　　　　□遵守实训纪律 □出勤情况（迟到）　　□具有团队协作精神　　□工作态度认真				
报修部门验收意见	1. 素质评价（4 分） 2. 故障分析（4 分） 3. 故障排除（2 分）　　　　　　　　　　　　　　　检修组长签字： 报修负责人签字： 年　　月　　日				

【引导 1】桥式起重机对电力拖动的要求

　　由于桥式起重机工作环境比较恶劣，需要考虑多灰尘的、高温的、高湿度的环境，而且经常重载下频繁进行起动、制动、反转、变速等操作，因此要求电动机具有较高的机械强度和较大的过载能力，同时要求起动转矩大、起动电流小，所以，多选用绕线式异步电动机。

　　要有合理的升降速度，空载、轻载要求速度快，以减少辅助工时，重载要求速度慢。

　　应具有一定的调速范围，对于普通的起重机调速范围一般为 3∶1，要求较高的地方可以达到 5∶1 至 10∶1。

　　提升开始或重物下降至预定位置附近时，都需要低速，所以在 30% 额定速度内应分成几档，以便灵活操作。

　　提升的第一级作为预备级，是为了消除传动间隙和张紧钢丝绳，以避免过大的机械冲击。所以起动转矩不能大，一般限制在额定转矩的一半以下。

　　当下放负载时，根据负载的大小，电动机的运行状态可以自动转换为电动状态、倒拉反接状态或再生发电制动状态。

　　制动装置（电气的或机械的）必须十分安全可靠。

　　有完善可靠的电气保护环节。

【引导 2】桥式起重机总体控制电路

　　桥式起重机主电路和控制电路图如图 7-4 和图 7-5 所示。

　　桥式起重机有两个吊钩，主钩 15 t，副钩 3 t。

　　大车运行机构由两台电动机拖动，用一个凸轮控制器控制。

　　小车运行机构由一台电动机拖动，用一个凸轮控制器控制。

　　副钩升降机构由一台电动机拖动，用一个凸轮控制器控制。

　　主钩升降机构由一台电动机拖动，用交流控制屏与主令控制器组成磁力控制器控制。

　　根据电路图，要求学生自行分析控制原理。

　　提示：电路组成分析（图中未画出滑动集电刷和电源开关 QS1），28 区的 KM_1 移到 33 区。

　　1）准备阶段：应将所有凸轮控制器手柄置于零位，关好舱门和横梁栏杆门。

　　2）起动运行阶段：合上电源开关 QS_1（图中未画），按下启动按钮 SB，KM 得电。KM 常开触点闭合，松开 SB。

　　副钩控制：起动副钩，转动 AC_1 手轮（置向上"1"的位置）。起动副钩，转动 AC_1 手轮（置向上"2"的位置）。手轮位置图如图 7-6 所示。

　　转动 AC_1 手轮调整转速（置向上"3"的位置）。

　　如果提升越位，则限位开关 SQ_6 动作，KM 线圈失电，YB_1 断电抱闸。

　　3）大车控制：起动大车，转动 AC_3 手轮（置向上"1"的位置）。

　　4）主吊钩控制：合上电源开关 QS_2、QS_3，KV 线圈得电，自锁。

　　主吊钩上升控制：转动主令控制器 AC_4 手轮（置上升"1"），使主钩电动机起动，提升。转动主令控制器 AC_4 手轮（置上升"2"），调整上升速度。转动主令控制器 AC_4 手轮（置上升"3"），调整上升速度。

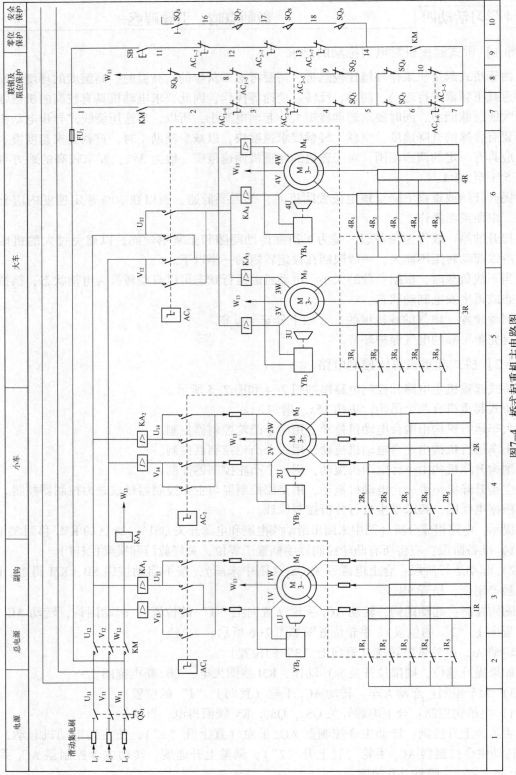

图7-4 桥式起重机主电路图

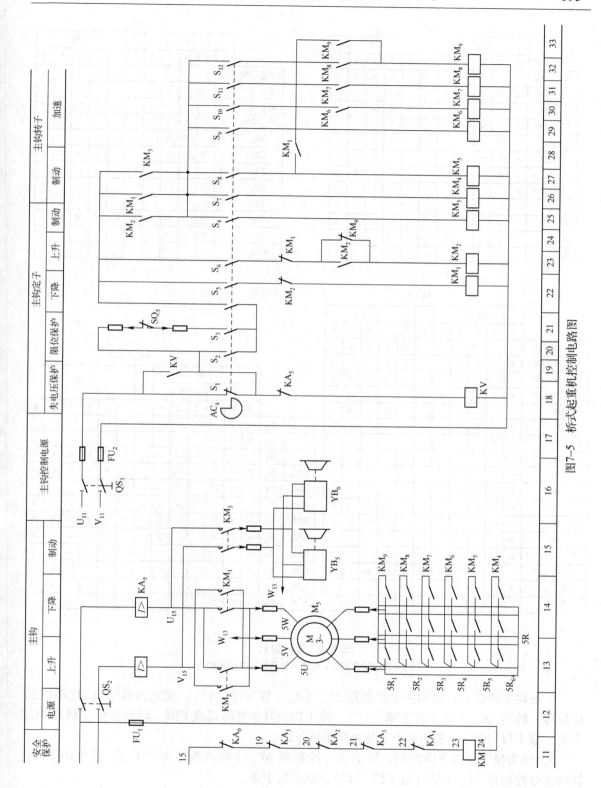

图7-5　桥式起重机控制电路图

AC_1

	向下						向上				
	5	4	3	2	1	0	1	2	3	4	5
V_{13}–1W							×	×	×	×	×
V_{13}–1U	×	×	×	×	×						
U_{13}–1U							×	×	×	×	×
U_{13}–1W	×	×	×	×	×						
$1R_5$	×	×	×	×				×	×	×	×
$1R_4$	×	×	×						×	×	×
$1R_3$	×	×								×	×
$1R_2$	×										×
$1R_1$	×										×
AC_{1-5}						×	×	×	×	×	×
AC_{1-6}	×	×	×	×	×	×					
AC_{1-7}						×					

a)

AC_2

	向左						向右				
	5	4	3	2	1	0	1	2	3	4	5
V_{14}–2W							×	×	×	×	×
V_{14}–2U	×	×	×	×	×						
U_{14}–2U							×	×	×	×	×
U_{14}–2W	×	×	×	×	×						
$2R_5$	×	×	×	×				×	×	×	×
$2R_4$	×	×	×						×	×	×
$2R_3$	×	×								×	×
$2R_2$	×										×
$2R_1$	×										×
AC_{2-5}						×	×	×	×	×	×
AC_{2-6}	×	×	×	×	×	×					
AC_{2-7}						×					

b)

AC_3

	向后						向前				
	5	4	3	2	1	0	1	2	3	4	5
V_{12}–3W, 4U							×	×	×	×	×
V_{12}–3U, 4W	×	×	×	×	×						
U_{12}–3U, 4W							×	×	×	×	×
U_{12}–3W, 4U	×	×	×	×	×						
$3R_5$	×	×	×	×				×	×	×	×
$3R_4$	×	×	×						×	×	×
$3R_3$	×	×								×	×
$3R_2$	×										×
$3R_1$	×										×
$4R_5$	×	×	×	×				×	×	×	×
$4R_4$	×	×	×						×	×	×
$4R_3$	×	×								×	×
$4R_2$	×										×
$4R_1$	×										×
AC_{3-5}						×	×	×	×	×	×
AC_{3-6}	×	×	×	×	×	×					
AC_{3-7}						×					

c)

AC_4

		下降							上升					
		强力			制动									
		5	4	3	2	1	J	0	1	2	3	4	5	6
	S_1							×						
	S_2	×	×	×										
	S_3				×	×	×		×	×	×	×	×	×
KM_3	S_4	×	×	×	×	×			×	×	×	×	×	×
KM_1	S_5	×	×	×	×	×								
KM_2	S_6				×	×	×		×	×	×	×	×	×
KM_4	S_7				×	×	×							
KM_5	S_8				×	×	×		×	×	×	×	×	×
KM_6	S_9								×	×	×	×	×	×
KM_7	S_{10}								×	×	×	×	×	×
KM_8	S_{11}	×											×	×
KM_9	S_{12}	×	0	0										×

d)

图 7-6　手轮位置

注：×表示触点闭合；0表示触点转向0位时闭合。

　　主吊钩下降控制：转动主令控制器 AC_4 手轮（置下降 "J"），使主钩电动机 M_5 不能起动旋转。转动 AC_4 手轮（置下降 "1"），使主钩上升速度降低或下降。转动主令控制器 AC_4 手轮（置下降 "2"），使主钩上升速度降低或下降。

　　5）强力使主吊钩下降控制：转动主令控制器 AC_4 手轮（置下降 "3"），使主钩下降。转动主令控制器 AC_4 手轮（置下降 "4"），使主钩下降。

学习活动五　　　　　　　　项目实施

1. 实施内容

1）对桥式起重机控制电路所用的元器件进行分辨和检测。

2）根据电气原理图找出每个元器件在电路板上的位置，并画出安装配线工艺图。

3）按照工艺要求连接控制电路。

2. 工具、仪表及器材

1）工具：测电笔、螺钉旋具、尖嘴钳、斜口钳、剥线钳、电工刀等电工常用工具。

2）仪表：绝缘电阻表、钳形电流表、万用表。

3）元器件：交流电动机、熔断器、断路器、交流接触器、按钮、端子板、紧固体和编码套管、导线等。

3. 实施步骤

1）检查模拟控制板上元器件布置及接线是否合理、正确，对于不合理的、不正确的及时纠正。

2）在通电过程中，指导学生观察各用电器在电路中的动作现象。

3）通电后，小组成员之间随机提问电路中相关电器的作用及其电路中的相关问题。

4）在教师的指导下，对起重机控制电路进行操作，了解起重机的各种工作状态及操作方法。

5）在有故障的起重机或人为设置自然故障点的起重机上，由教师示范检修，边分析、边检修，直至找出故障点及故障排除。

6）由组长设置故障点，小组讨论并练习如何从故障现象着手进行分析，逐步引导学生如何采用正确的检查步骤和检修方法。

7）教师设置故障点，由学生检修。

注：故障分析如表 7-2 所示。

表 7-2　故障现象与故障原因对照表

故障现象	故障原因
合上电源总开关 QS_1 并按下起动按钮 SB 后，接触器 KM 不动作	1）电路无电压 2）熔断器 FU_1 熔断或过电流继电器动作后未复位 3）紧急开关 QS_4 或安全开关 SQ_7、SQ_8、SQ_9 未合上 4）各凸轮控制器手柄未在零位
主接触器 KM 吸合后，过电流继电器立即动作	1）凸轮控制器电路接地 2）电动机绕组接地 3）电磁抱闸线圈接地
接通电源并转动凸轮控制器的手轮后，电动机不起动	1）凸轮控制器主触点接触不良 2）滑触线与集电刷接触不良 3）电动机的定子绕组或转子绕组接触不良 4）电磁抱闸线圈断路或制动器未松开
转动凸轮控制器后，电动机能起动运转，但不能输出额定功率且转速明显减慢	1）电源电压偏低 2）制动器未完全松开 3）转子电路串接的附加电阻未完全切除 4）机构卡住

（续）

故 障 现 象	故 障 原 因
制动电磁铁线圈过热	1）电磁铁线圈的电压与电路电压不符 2）电磁铁工作时，动、静铁心间的间隙过大 3）电磁铁的牵引力过载 4）制动器的工作条件与线圈数据不符 5）电磁铁铁心歪斜或机械卡阻
制动电磁铁噪声过大	1）交流电磁铁短路环开路 2）动、静铁心端面有油污 3）铁心松动或铁心端面不平整 4）电磁铁过载
凸轮控制器在工作过程中卡住或转不到位	1）凸轮控制器的动触点卡在静触点下面 2）定位机构松动
凸轮控制器在转动过程中火花过大	1）动、静触点接触不良 2）控制的电动机容量过大

4. 注意事项

1）及时处理在课堂上随时发生的安全隐患。

2）及时维修或更换学生在实训过程中损坏的或因长期使用被磨损的元器件和工量具。

3）检修故障时，注意用电安全以及安全使用仪表。引导学生运用正确的思路进行故障的排查。

学习活动六　　　　　　　　　　成果展示并汇报

项目实施完毕后，请其中两个小组的组长来展示一下各自团队的成果，并请本组成员进行记录，把记录内容填到下面的表7-3中。

表7-3　展示板

汇 报 人 员	线 路 展 示 图	展示内容分析

学习活动七　　　　　　　　　　项目评价

本项任务的评价标准如表7-4所示。任务评价由学生自评、小组互评与教师评价相结合，其中学生自评占总成绩的20%、小组互评占总成绩的30%、教师评价占总成绩的50%。

表 7-4　评价标准

考核项目	考核内容	考核要求	评分要点及得分 （最高为该项配分值）	配分	得分		
					自评	互评	师评
职业能力	故障分析	1. 理解电气控制系统的控制特点与实现方法，能够根据提出的电气控制要求，正确分析电气控制系统原理图 2. 能够根据故障点位置分析故障现象	1. 标不出故障线段或错标在故障回路以外，每个故障点扣 1 分 2. 不能标出最小故障范围，每个故障点扣 1 分 3. 在实际排故分析中思路不清楚，扣 1 分	20			
	故障排除	1. 根据故障现象正确判断故障范围并逐步缩小 2. 在保证人身和设备安全的前提下，进行故障排除并记录	1. 不能排除故障点，每个扣 1 分 2. 扩大故障范围或产生新的故障后不能自行修复，每个扣 2 分；已经修复，每个故障扣 1 分 3. 损坏电动机扣 3 分 4. 排除故障的方法不正确，每个故障点扣 1 分	30			
职业素质	安全文明操作	1. 劳动保护用品穿戴整齐，电工工具佩带齐全 2. 安全、正确、合理使用电器元件 3. 遵守安全操作规程	1. 未做相应的职业保护措施，扣 2 分 2. 损坏元器件一次，扣 2 分 3. 引发安全事故，扣 5 分	20			
	团队协作精神	1. 尊重指导教师与同学，讲文明礼貌 2. 分工合理、能够与他人合作、交流	1. 分工不合理，承担任务少，扣 5 分 2. 小组成员不与他人合作，扣 3 分 3. 不与他人交流，扣 2 分	15			
	劳动纪律	1. 遵守各项规章制度及劳动纪律 2. 训练结束要养成清理现场的习惯	1. 违反规章制度一次，扣 2 分 2. 不做清洁整理工作，扣 5 分 3. 清洁整理效果差，酌情扣 2~5 分	15			
合计				100			

备注	自评学生签字：	自评成绩	
	互评学生签字：	互评成绩	
	指导老师签字：	师评成绩	
	总成绩 （自评成绩×20%+互评成绩×30%+教师评价成绩×50%）		

拓展项目　C650 车床的 PLC 改造

项目教学目标

知识能力： 会分析 C650 车床基本结构、工作过程，并能进行 PLC 电气改造。

技能能力： ① 能够根据 C650 车床控制电路正确检测电器元件。
② 会熟练地进行 C650 车床电气控制电路的分析。
③ 对 C650 车床控制电路能进行 PLC 电路设计和改造。

社会能力： ① 通过团队的合作来完成项目，培养学生的团队协作精神。
② 通过收集资料、制订工作计划来完成项目的实施，形成自主学习、尊重科学、实事求是的科学态度。
③ 在实践中培养学生核心素养，使学生更加适应社会的发展，实现纵深学习、全面发展的目标。

学习活动一　　　　　　接受项目，明确要求

某机械厂的 C650 卧式车床采用继电器实现电气控制，郝师傅考虑控制电路以 PLC 取代常规的继电器，这样可提高工作性能。学徒小纪需要跟着师傅熟悉 C650 卧式车床电气控制系统的工作原理及其运动形式，并学习编写 PLC 控制梯形图程序和指令表程序。利用 PLC 控制系统，实现车床起动、正转反转、反接制动、刀架快速移动等一些功能。

学习活动二　　　　　　小组讨论，自主获取信息

【信息】C650 车床的认识

1. C650 车床介绍

C650 普通车床属于中型车床，用于切削工件外圆、内孔和端面等。该车床由主轴运动和刀具进给运动完成切削加工。主轴由三相异步电动机拖动，主运动为主轴通过卡盘带动工件的旋转运动；进给运动为溜板带动刀架的纵向和横向直线运动，其中纵向运动是指相对操作者向左或向右的运动，横向运动是指相对于操作者向前或向后的运动；辅助运动包括刀架的快速移动、工件的夹紧与松开等。C650 车床外形如图 8-1 所示。

2. 工作过程

1）正常加工时一般不需反转，但加工螺纹时需反转退刀，且工件旋转速度与刀具的进给速度要保持严格的比例关系，为此主轴的转动和溜板箱的移动由同一台电动机拖动。主电动机 M_1（功率为 20 kW），采用直接起动的方式，可正、反两个方向旋转，为加工调整方便，还具有点动功能。由于加工的工件比较大，加工时其转动惯量也比较大，需停车时不易

图 8-1　C650 外形图

立即停止转动，必须有停车制动的功能，C650 车床的正、反向停车采用速度继电器控制的电源反接制动。

2）电动机 M_2 拖动冷却泵。车削加工时，刀具与工件的温度较高，需设一冷却泵电动机，实现刀具与工件的冷却。冷却泵电动机 M_2 单向旋转，采用直接起动、停止方式，且与主电动机有必要的联锁保护。

3）快速移动电动机 M_3。为减轻工人的劳动强度和节省辅助工作时间，利用 M_3 带动刀架和溜板箱快速移动。电动机可根据使用需要，随时手动控制起停。

4）采用电流表检测电动机负载情况。

5）车削加工时，因被加工的工件材料、性质、形状、大小及工艺要求不同，且刀具种类也不同，所以要求的切削速度也不同，这就要求主轴有较大的调速范围。车床大多采用机械方法调速，变换主轴箱外的手柄位置，可以改变主轴的转速。

学习活动三　　　　　　　　　小组制订计划

请根据项目要求，结合小组讨论后获取的信息点，小组共同制订本项目的完成计划表，列出工作任务单，见表 8-1。

表 8-1　工作任务单

工作任务名称	C650 车床电气控制电路的 PLC 改造	工作时间	10 学时
工作任务分析	C650 普通车床属于中型车床，用于切削工件外圆、内孔和端面等。本项目的主要任务是识读分析 C650 电气控制原理图，能够对 C650 车床的控制电路进行 PLC 改造		
工作内容	1. 根据电气原理图分析电路工作过程 2. 分析 PLC 输入输出点并设计 C650 车床控制电路图 3. 对 C650 车床控制电路进行 PLC 改造并调试		
工作任务流程	1. 学习 C650 车床的基本结构 2. 学习电气控制电路图的识读、绘制方法 3. 分析 C650 车床的主要运动形式及电力控制要求 4. 根据电气原理图分析主电路工作过程 5. 根据电气原理图分析控制电路工作过程 6. 根据电气原理图分析辅助电路工作过程 7. 设计 PLC 输入输出点 8. 画出 PLC 外部接线图 9. 根据图样进行电路连接 10. 总结与反馈本次工作任务 11. 成绩考评		

（续）

工作任务实施	1. C650 车床主电路的工作原理	
	2. C650 车床控制电路的工作原理	
	3. C650 车床辅助电路的工作原理	
	4. C650 车床控制电路的 PLC 接线图	
考评	按考评标准考评	见考评标准（反页）
	考评成绩	
	教师签字	
		年　　月　　日

学习活动四　　　教师点睛，引导解惑

【引导 1】 C650 车床控制电路分析

图 8-2a 主电路中有三台电动机，分别为主轴电动机 M_1、冷却泵电动机 M_2、快速移动电动机 M_3。

主电动机 M_1 完成主轴运动和刀具进给运动的驱动，采用直接起动方式，可正、反两个方向旋转，并可进行正、反两个方向的电气制动停车。除此之外还有点动功能，并采用热继电器作为电动机的过载保护。

电动机 M_1 控制电路分为 3 个部分：①由接触器 KM_1 和 KM_2 的两组主触点构成电动机的正、反转电路；②主电路电流通过电流互感器 TA 接到电流表 PA，以监视电动机工作时的电流变化。为防止电流表被电动机起动电流冲击损坏，利用时间继电器的常闭触点，在电动机起动的时间内将电流表暂时短接；③串联电阻限流控制，接触器 KM_3 的主触点控制电阻 R 的接入或切除，在进行点动调整时，为防止连续的起动电流造成电动机过载而串入了限流电阻 R，以保证设备正常工作。

冷却泵电动机 M_2 提供切削液，采用直接起动停止方式，为连续工作状态，由接触器 KM_4 的主触点控制其旋转。还采用热继电器作为电动机的过载保护。

快速移动电动机 M_3 由接触器 KM_5 控制，根据需要可随时用手动控制起停。

图 8-2b 是控制电路。图中各电器元件间的动作关系分析如下。

按下按钮 SB_2，使接触器 KM_1 得电吸合，电动机 M_1 串接限流电阻 R 起动运转。由于按钮 SB_2 两端并未直接并联接触器 KM_1 自保的辅助常开触点 $KM_1[9-15]$，因此 SB_2 为 M_1 的点动控制按钮。

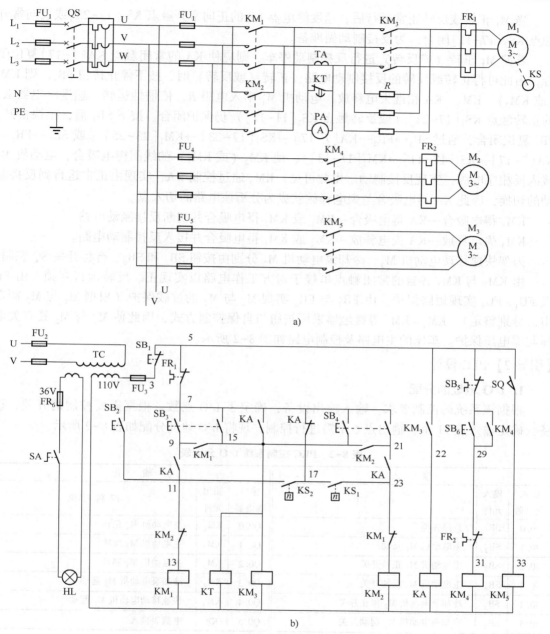

图 8-2　C650 车床电气控制电路原理图

a) C650 车床主电路　　b) C650 车床控制电路

若使 M_1 连续运行，则必须使 KM_1 或 KM_2 得电吸合并自锁，为此应使中间继电器 KA 得电吸合。要使 KA 得电吸合，则应使 KM_3 得电吸合。因此，KM_3 得电吸合就是分析该电路的第一个切入点。KM_3 的作用是利用其主触点控制限流电阻 R 的接入或切断。按下 SB_3，KM_3 得电吸合，R 被切除；在反接制动时，KM_3 失电释放，R 被接入。中间继电器 KA 的常开触点 KA[9-11]、KA[21-23]闭合，作为 KM_1、KM_2 得电吸合条件；常开触点 KA[7-15]闭合，作为 KM_1、KM_2 自锁条件；而动断触点 KA[7-17]断开，为反接制动做准备。

当 M_1 正转或反转正常运行后，速度继电器 KS 的正向常开触点 $KS_1[17-23]$ 或反向常开触点 $KS_2[17-11]$ 闭合，为反接制动做准备。

若使 M_1 正转（或反转）进行反接制动停车，则应使 KA 的常闭触点 $KA[7-17]$ 复位闭合，由此可得正转或反转的反接制动电路，正转（或反转）时，按下停止按钮 SB_1，则 KM_1（或 KM_2）、KM_3、KA 相继失电释放，电动机 M_1 串入电阻 R，依惯性运转，速度继电器 KS 的正转触点 $KS_1[17-23]$（或反转触点 $KS_2[11-17]$）仍保护闭合。按下 SB_1 后，很快松开，SB_1 复位闭合，通过 $SB_1 \rightarrow FR_1 \rightarrow KA[7-17] \rightarrow KS_1[17-23] \rightarrow KM_1[23-25]$（或 $SB_1 \rightarrow FR_1 \rightarrow KA[7-17] \rightarrow KS_2[17-11] \rightarrow KM_2[11-13]$），使 KM_2（或 KM_1）的线圈得电吸合，电动机 M_1 接入反相序电源，实现反接制动。由此可见，KM_3 通过控制 KA，实现由正常运行到反接制动的切换，因此 KA 得电吸合与失电释放就成为分析该电路的切入点。

KM_3 得电吸合→KA 得电吸合→KM_1 或 KM_2 得电吸合并切断反接制动电路。

KM_3 失电释放→KA 失电释放→KM_2 或 KM_1 得电吸合并接入反接制动电路。

刀架快速移动电动机 M_3、冷却泵电动机 M_2 分别由按钮 SB_5 和 SB_6、行程开关 SQ 控制。

由 KM_1 与 KM_2 各自的常闭触点串接于对方工作电路以实现正、反转运行互锁。由 FU 及 $FU_1 \sim FU_6$ 实现短路保护。由 FR_1 与 FR_2 实现 M_1 与 M_2 的过载保护（根据 M_1 与 M_2 额定电流分别整定）。$KM_1 \sim KM_4$ 等接触器采用按钮与自保控制方式，因此使 M_1 与 M_2 具有欠电压与零电压保护。车床的主电路及控制电路如图 8-2 所示。

【引导 2】 PLC 设计

1. I/O 地址的分配

根据该系统的控制要求，输入输出设备，确定了 I/O 点数。根据需要控制的开关、设备，确定输入点 11 个、输出点 6 个需进行控制，现将 I/O 地址分配如表 8-2 所示。

表 8-2 PLC 控制系统 I/O 分配表

输　入			输　出		
输入继电器	输入元件	作　用	输出继电器	输出元件	控制对象
I0.0	SB_1	总停开关	Q0.0	KM_1	主电动机 M_1 正转
I0.1	SB_2	主电动机 M_1 点动	Q0.1	KM_2	主电动机 M_1 反转
I0.2	SB_3	主电动机 M_1 正转开关	Q0.2	KM_3	主电动机 M_1 制动
I0.3	SB_4	主电动机 M_1 反转开关	Q0.3	KM_4	冷却泵电动机 M_2 起动
I0.4	SB_5	冷却泵电动机 M_2 停止开关	Q0.4	KM_5	快速移动电动机 M_3 起动
I0.5	SB_6	冷却泵电动机 M_2 起动开关	Q0.5	KA	电流表接入
I0.6	SQ	快速移动电动机 M_3 起动开关			
I0.7	FR_1	主电动机 M_1 的过载保护			
I1.0	FR_2	冷却泵电动机 M_2 过载保护			
I1.1	KS_1	主电动机 M_1 正向制动开关			
I1.2	KS_2	主电动机 M_1 反向制动开关			

2. PLC 外部接线图设计

根据 PLC I/O 端子的分配，画出了 C650 卧式车床 PLC 控制系统 I/O 接线图如图 8-3 所示。

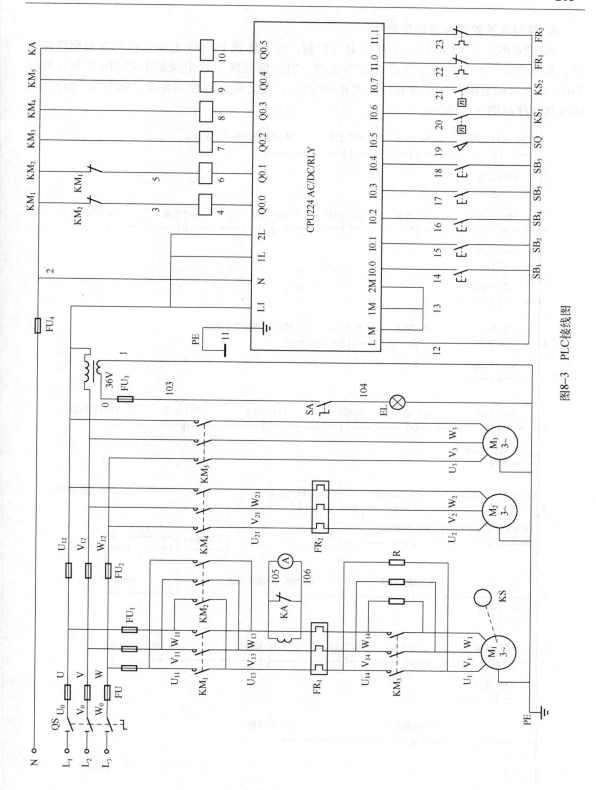

图8-3　PLC接线图

3. 控制系统的梯形图程序设计

为实现 PLC 对 C650 卧式车床的电气控制，以及体现 PLC 在工业控制领域编程维护方便，功能齐全、安全高效、快速可靠等优点，PLC 编程时引入中间继电器 M0.0 和计时器 T40。且合理的分配 I/O 及继电器的常开/常闭点，使之能达到控制要求，编写的 PLC 梯形图控制程序如图 8-4 所示。

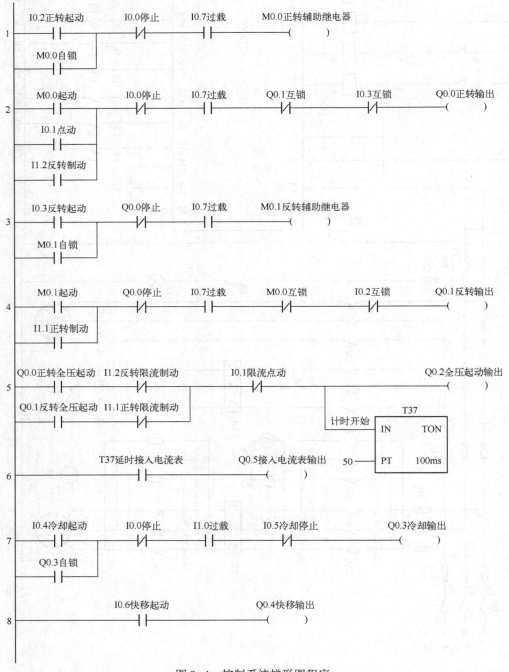

图 8-4　控制系统梯形图程序

【引导 3】 C650 车床 PLC 改造控制电路的选件

任何一种继电器系统都由 3 个部分组成，即输入部分、逻辑部分和输出部分。系统输入部分由所有行程开关、方式选择开关、控制按钮等组成。逻辑部分是指由各种继电器及其触点组成的实现一定逻辑功能的控制电路，输出部分包括各种负载的接触器线圈。在本次控制系统设计中用 PLC 代替了继电器控制系统中的逻辑电路部分。在车床的电气控制系统，所有触点、行程开关、控制按钮（$SB_1 \sim SB_6$）等为系统的输入信号；接触器线圈（$KM_1 \sim KM_5$）为系统的输出信号。

1. 电动机的选择

在车床控制系统运行中，电动机类型选择的原则是，在满足工作机械对于拖动系统要求的前提下，所选电动机应尽可能结构简单、运行可靠、维护方便、价格低廉。因此，在选用电动机种类时，若机械工作对拖动系统无过高要求，应优先选用三相交流异步电动机。

三相交流异步电动机的工作原理是基于定子旋转磁场（定子绕组内的三相电流所产生的合成磁场）和转子电流（转子绕组内的电流）的相互作用。

（1）电动机容量选择的原则

在控制系统运行中，电动机的选择主要是容量的选择，如果电动机的容量选小了，一方面不能充分发挥机械设备的能力，使生产效率降低，另一方面电动机经常在过载下运行，会使它过早损坏，同时还出现起动困难、经受不起冲击负载等故障。如果电动机的容量选大了，则不仅使设备投资费用增加，而且由于电动机经常在轻载下运行，运行效率和功率因数都会下降。

选择电动机的容量应根据以下三项原则进行。

① 发热：电动机在运行时，必须保证电动机的实际最高温度 θ_{max} 等于或稍微小于电动机绝缘的允许最高工作温度 θ_a，即 $\theta_{max} \leqslant \theta_a$。

② 过载能力：电动机在运行时，必须具有一定的过载能力。特别是在短期工作时，由于电动机的热惯性很大，电动机在短期内承受高于额定功率的负载功率时仍可保证 $\theta_{max} \leqslant \theta_a$，故此时，决定电动机容量的主要因素不是发热而是电动机的过载能力。即所选电动机的最大转矩 T_{Lmax} 必须大于运行过程中可能出现的最大负载转矩，即

$$T_{Lmax} \leqslant T_{max} = \lambda_m T_N \quad (\lambda_m \text{ 一般为 } 0.8 T_{max}/T_N)$$

③ 起动能力：由于笼型异步电动机的起动转矩一般较小，为使电动机可靠起动，必须保证

$$T_L < \lambda_{st} T_N \quad (\lambda_{st} = T_{st}/T_N)$$

（2）电动机的种类、电压和转速的选择

除正确选择电动机的容量外，还需要根据生产机械的要求，技术经济指标和工作环境等条件，来正确选择电动机的种类、电压和转速。

2. 交流接触器和中间继电器的选择

（1）接触器

接触器是工业电气中用按钮或其他方式来控制其通断的自动开关。交流接触器由电磁线圈、静衔铁、动衔铁、静触点、动触点、灭弧装置和固定支架等部分组成。其原理是当接触器的电磁线圈通入交流电时，会产生很强的磁场，使装在线圈中心的静衔铁吸动动衔铁，当两组衔铁合拢时，安装在动衔铁上的动触点也随之与静触点闭合，使电气电路接通。当断开电磁线圈中的电流时，磁场消失，接触器在弹簧的作用下恢复到断开的状态。

在工业电气中，交流接触器的型号很多，电流在 5~1000 A 不等，常用交流接触器的型号有 CJ20、CJX1、CJX2、CJT1 等系列。在这次控制系统硬件的设计中，采用了 CJX2 系列的交流接触器，其额定电流应在控制电流的 1.1~1.3 倍之间。

（2）中间继电器

中间继电器是最常用的继电器之一，它的结构和接触器的基本相同，只是电磁系统小些，触点多一些。常用的继电器型号有 JZ7、JZ14 等。

3. 保护电器的选择

（1）熔断器

熔断器在电路中主要起短路保护作用，用于保护电路。熔断器的熔体串接于被保护的电路中，熔断器以自身产生的热量使熔体熔断，从而自动切断电路，实现短路保护及过载保护。

（2）热继电器

热继电器主要用于电气设备（电动机）的过负载保护。热继电器势利用一种电流热效应原理工作的电器，它具有与电动机容许过载特性相近的反时限动作特性，主要与接触器配合使用，用于对三相异步电动机的过负载和断相保护。

三相异步电动机在实际运行中，常会遇到因电气或机械原因等引起的过电流（过载和断相）现象，如果过电流不严重，持续时间短，绕组不超过允许温升，这种过电流是允许；如果过电流情况严重，持续时间较长，则会加快电动机绝缘老化，甚至会烧毁电动机，因此，在电动机电路中应设置电动机保护装置。

热继电器的选型原则：热继电器主要用于电动机的过载保护，使用中应考虑电动机的工作环境、起动情况、负载性质等因素。星形联结的电动机可选用两相或三相结构的热继电器，三角形联结的电动机应选用带断相保护装置三相结构的热继电器。热继电器的动作电流整定值一般为电动机额定电流的 1.05~1.1 倍。

4. 控制电器的选择

（1）选择开关

万能转换开关是一种多档式控制多回路的开关电器。一般用于各种配电装置的远距离控制，也可作为电器测量仪表的转向开关或用作小容量电动机的起动、制动、调速和换向的控制，用途广泛，故称万能转换开关。常用的万能转换开关有 LW8、LW6 和 LA18 系列。

（2）控制按钮

控制按钮在控制电路中常用作远距离手动控制接触器、继电器等有电磁线圈的电路，也可用于电器连锁等电路中。目前常用的按钮有 LA10、LA18、LA19、LA20 等系列产品。

5. PLC 的选型

PLC 是控制系统的核心部件，正确选择 PLC 对整个控制系统技术经济性指标起着重要的作用。选型的基本原则是：所选的 PLC 应能够满足控制系统的功能需要。选型的基本内容应包括以下几个方面。

（1）PLC 结构的选择

在相同功能和相同 I/O 点数的情况下，整体式 PLC 比模块式 PLC 价格低。

（2）PLC 输出方式的选择

不同的负载对 PLC 的输出方式有相应的要求。继电器输出型的 PLC 可以带直流负载和交流负载；晶体管型与双向晶闸管型输出模块分别用于直流负载和交流负载。

（3）I/O 响应时间的选择

PLC 的响应时间包括输入滤波时间、输出电路的延迟时间和扫描周期引起的时间延迟。

（4）联网通信的选择

若 PLC 控制系统需要联入工厂自动化网络，则所选用的 PLC 需要有通信联网功能，即要求 PLC 应具有连接其他 PLC、上位计算机及 CRT 等接口的能力。

（5）PLC 电源的选择

电源是 PLC 干扰引入的主要途径之一，因此应选择优质电源以助于提高 PLC 控制系统的可靠性。一般可选用畸变较小的稳压器或带有隔离变压器的电源，使用直流电源时要选用桥式全波整流电源。

（6）I/O 点数及 I/O 接口设备的选择

车床电气控制系统所需的 I/O 点总数在 256 以下，属于小型机的范围．控制系统只需要逻辑运算等简单功能。主要用来实现条件控制和顺序控制。为实现 C650 车床上述的电气控制要求，PLC 可以选择西门子公司的 S7-200 系列。它价格低，体积小，非常适用于单机自动化控制系统。该机床的输入信号是开关量信号，输出是负载三相交流电动机接触器等。

PLC 所具有的输入点和输出点一般要比所需冗余 30%，以便于系统的完善和今后的扩展预留。本系统所需的输入点为 11 个，输出点为 6 个。现选择西门子公司生产的 S7-200 系列的 CPU224 型 PLC。

学习活动五　　　　　　　　　项目实施

1. 实施内容

1）对 C650 型车床控制电路所用的元器件及 PLC 进行分辨和检测。

2）根据电气原理图找出每个元器件在电路板上的位置，并画出安装配线工艺图。

3）按照工艺要求连接控制电路。

2. 工具、仪表及器材

1）工具：测电笔、螺钉旋具、尖嘴钳、斜口钳、剥线钳、电工刀等电工常用工具。

2）仪表：绝缘电阻表、钳形电流表、万用表。

3）元器件：交流电动机、熔断器、断路器、交流接触器、按钮、端子板、紧固体和编码套管、导线等。

3. 实施步骤

1）按表配齐所用的电器元件，并检查元器件质量。

2）根据电路图分析布置图，然后在控制板上合理布置和牢固安装各电器元件，并贴上醒目的文字符号。

3）在控制板上根据电路图进行正确布线和套编码套管。

4）安装交流电动机。

5）连接控制板外部的导线。

6）自检。

7）检查无误后通电试车。认真分析电路的控制要求及特点。

4. 调试训练

1）自检。调试之前用工具对控制电路和主电路先进行初步自我检查。

2) 教师示范调试。教师进行示范调试时，可把下述检查步骤及要求贯穿其中，直至调试成功。如果第一次没有调试成功，可以用试验法来观察现象→用逻辑分析法缩小故障范围，并在电路图上用虚线标出可能出现问题部位的最小范围→用测量法正确迅速地找出问题点→修复→再通电试车。

3) 学生调试训练。教师示范调试后，再由各组长带领小组成员进行调试训练。在学生调试的过程中，教师要巡回进行启发性的指导。

5. 注意事项

安装注意事项：

1) 通电试车前要认真检查接线是否正确、牢靠；各电器动作是否正常，有无卡阻现象。

2) 若遇异常情况，应立即断开电源停车检查。若带电检查，必须有指导教师在现场监护。

3) 训练应在规定的定额时间内完成，同时要做到安全操作和文明生产。

调试注意事项：

1) 要认真听取和仔细观察指导教师在示范过程中的讲解和调试操作。

2) 要熟练掌握电路图中各个环节的作用。

3) 调试过程的分析、排除问题的思路和方法要正确。

4) 工具和仪表使用要正确。

5) 不能随意更改电路和带电触摸电器元件。

6) 带电时，必须有教师在现场监护，并要确保用电安全。

7) 调试必须在规定的时间内完成。

学习活动六　　　　　　　　　　成果展示并汇报

项目实施完毕后，请其中两个小组的组长来展示一下各自团队的成果，并请本组成员进行记录，把记录内容填到下面的表 8-3 中。

表 8-3　展示板

汇报人员	电路展示图	展示内容分析

学习活动七　　　　　　　　　　项目评价

本项任务的评价标准如表 8-4 所示。任务评价由学生自评、小组互评与教师评价相结合，其中学生自评占总成绩的 20%、小组互评占总成绩的 30%、教师评价占总成绩的 50%。

表 8-4　评价标准

考核项目	考核内容	考核要求	评分要点及得分（最高为该项配分值）	配分	得分 自评	得分 互评	得分 师评
职业能力	电路设计	1. 理解电气控制系统的控制特点与实现方法，能够根据提出的电气控制要求，正确绘出 PLC 电气控制系统原理图 2. 各电器元件的图形符号及文字符号要求按照国标符号绘制 3. 能够根据电气原理图列出主要元器件明细表	1. 主电路设计 1 处错误扣 5 分 2. 控制电路设计 1 处错误扣 5 分 3. 图形符号画法有误，每处扣 1 分 4. 元器件明细表有误，每处扣 2 分	30			
	元器件安装	1. 按图样的要求，正确使用工具和仪表，熟练安装电器元件 2. 元器件在配电板上布置要合理，安装要准确、紧固 3. 按钮盒不固定在控制板上	1. 元器件布置不整齐、不匀称、不合理，每个扣 1 分 2. 元器件安装不牢固、安装元件时漏装螺钉，每只扣 1 分 3. 损坏元器件，每只扣 2 分 4. 走线槽板布置不美观、不符合要求，每处扣 2 分	10			
	电路安装	1. 电路安装要求美观、紧固、无毛刺，导线要进行线槽 2. 电源和电动机配线、按钮接线要接到端子排上，进出线槽的导线要有端子标号	1. 接线要符合安全性、规范性、正确性、美观性，接线不进行线槽，不美观，有交叉线，每处扣 1 分；接点松动、露铜过长、反圈、压绝缘层，标记线号不清楚、遗漏或误标，每处扣 1 分 2. 损伤导线绝缘或线芯，每根扣 1 分 3. 导线颜色、按钮颜色使用错误，每处扣 2 分	30			
	通电模拟调试	1. 根据所给电动机容量，正确选择熔断器熔体；正确整定热继电器的整定电流值 2. 在保证人身和设备安全的前提下，通电模拟调试成功，电气控制电路符合控制要求 3. 观察电路工作现象并判断正确与否	1. 主、控电路配错熔体，每个扣 1 分；热继电器整定电流值错误，每处扣 2 分 2. 熟悉调试过程，调试步骤一处错误扣 3 分 3. 能在调试过程中正确使用万用表，根据所测数据判断电路是否出现故障，否则每处扣 2 分 4. 一次试车不成功扣 5 分；二次试车不成功扣 10 分；三次试车不成功扣 15 分	15			
职业素质	安全文明操作	1. 劳动保护用品穿戴整齐，电工工具佩带齐全 2. 安全、正确、合理使用电器元件 3. 遵守安全操作规程	1. 未做相应的职业保护措施，扣 2 分 2. 损坏元器件一次，扣 2 分 3. 引发安全事故，扣 5 分	5			
	团队协作精神	1. 尊重指导教师与同学，讲文明礼貌 2. 分工合理、能够与他人合作、交流	1. 分工不合理，承担任务少，扣 5 分 2. 小组成员不与他人合作，扣 3 分 3. 不与他人交流，扣 2 分	5			
	劳动纪律	1. 遵守各项规章制度及劳动纪律 2. 训练结束要养成清理现场的习惯	1. 违反规章制度一次，扣 2 分 2. 不做清洁整理工作，扣 5 分 3. 清洁整理效果差，酌情扣 2~5 分	5			
		合计		100			

备注	自评学生签字：		自评成绩	
	互评学生签字：		互评成绩	
	指导老师签字：		师评成绩	
	总成绩 （自评成绩×20%+互评成绩×30%+教师评价成绩×50%）			

参 考 文 献

[1] 王振臣. 机床电气控制技术 [M]. 北京：电子工业出版社，2013.

[2] 李响初. 机床电气控制线路识图 [M]. 北京：中国电力出版社，2010.

[3] 方承运. 工厂电气控制技术 [M]. 北京：机械工业出版社，2012.

[4] 赵明. 工厂电气控制设备 [M]. 北京：机械工业出版社，2011.

[5] 马镜澄. 低压电器 [M]. 北京：机械工业出版社，2011.

[6] 张春青，于桂宾，刘艳军. 机床电气控制系统维护 [M]. 北京：电子工业出版社，2012.

[7] 杨杰忠. 机床电气检修 [M]. 北京：机械工业出版社，2015.